한솔 완벽한 연산

수학은 마라톤입니다.
지금 여러분은 출발 지점에 서 있습니다.
초등학교 저학년 때는
수학 마라톤을 잘 하기 위해
기초 체력을 튼튼히 길러야 합니다.

한솔 완벽한 연산으로 시작하세요.
마라톤을 잘 뛸 수 있는 완벽한 연산 실력을 키워줍니다.

이 책이 궁금해요!

왜 완벽한 연산인가요?

기초 연산은 물론, 학교 연산까지 이 책 시리즈 하나면 완벽하게 끝나기 때문입니다. '한솔 완벽한 연산'은 하루 8쪽씩, 5일 동안 4주분을 학습하고, 마지막 주에는 학교 시험에 완벽하게 대비할 수 있도록 '연산 UP' 16쪽을 추가로 제공합니다.
매일 꾸준한 연습으로 연산 실력을 키우기에 충분한 학습량입니다.
'한솔 완벽한 연산' 하나면 기초 연산도 학교 연산도 완벽하게 대비할 수 있습니다.

몇 단계로 구성되고, 몇 학년이 풀 수 있나요?

모두 6단계로 구성되어 있습니다.
'한솔 완벽한 연산'은 한 단계가 1개 학년이 아닙니다. 연산의 기초 훈련이 가장 필요한 시기인 초등 2~3학년에 집중하여 여러 단계로 구성하였습니다.
이 시기에는 수학의 기초 체력을 튼튼히 길러야 하니까요.

단계	권장 학년	학습 내용
MA	6~7세	100까지의 수, 더하기와 빼기
MB	초등 1~2학년	한 자리 수의 덧셈, 두 자리 수의 덧셈
MC	초등 1~2학년	두 자리 수의 덧셈과 뺄셈
MD	초등 2~3학년	두·세 자리 수의 덧셈과 뺄셈
ME	초등 2~3학년	곱셈구구, (두·세 자리 수)×(한 자리 수), (두·세 자리 수)÷(한 자리 수)
MF	초등 3~4학년	(두·세 자리 수)×(두 자리 수), (두·세 자리 수)÷(두 자리 수), 분수·소수의 덧셈과 뺄셈

책 한 권은 어떻게 구성되어 있나요?

책 한 권은 모두 4주 학습으로 구성되어 있습니다.
한 주는 모두 40쪽으로 하루에 8쪽씩, 5일 동안 푸는 것을 권장합니다.
마지막 5주차에는 학교 시험에 대비할 수 있는 '연산 UP'을 학습합니다.

'한솔 완벽한 연산'도 매일매일 풀어야 하나요?

물론입니다. 매일매일 규칙적으로 연습을 해야 연산 능력이 향상되기 때문입니다.
월요일부터 금요일까지 매일 8쪽씩, 4주 동안 규칙적으로 풀고, 마지막 주에 '연산 UP' 16쪽을 다 풀면 한 권 학습이 끝납니다.
매일매일 푸는 습관이 잡히면 개인 진도에 따라 두 달에 3권을 푸는 것도 가능합니다.

하루 8쪽씩이라구요? 너무 많은 양 아닌가요?

'한솔 완벽한 연산'은 술술 풀면서 잘 넘어가는 학습지입니다.
공부하는 학생 입장에서는 빽빽한 문제를 4쪽 푸는 것보다 술술 넘어가는 문제를 8쪽 푸는 것이 훨씬 큰 성취감을 느낄 수 있습니다.
'한솔 완벽한 연산'은 학생의 연령을 고려해 쪽당 학습량을 전략적으로 구성했습니다. 그래서 학생이 부담을 덜 느끼면서 효과적으로 학습할 수 있습니다.

(?) 학교 진도와 맞추려면 어떻게 공부해야 하나요?

이 책은 한 권을 한 달 동안 푸는 것을 권장합니다.
각 단계별 학교 진도는 다음과 같습니다.

단계	MA	MB	MC	MD	ME	MF
권 수	8권	5권	7권	7권	7권	7권
학교 진도	초등 이전	초등 1학년	초등 2학년	초등 3학년	초등 3학년	초등 4학년

초등학교 1학년이 3월에 MB 단계부터 매달 1권씩 꾸준히 푼다고 한다면 2학년이 시작될 때 MD 단계를 풀게 되고, 3학년 때 MF 단계(4학년 과정)까지 마무리할 수 있습니다.
이 책 시리즈로 꼼꼼히 학습하게 되면 일반 방문학습지 못지 않게 충분한 연산 실력을 쌓게 되고 조금씩 다음 학년 진도까지 학습할 수 있다는 장점이 있습니다.
매일 꾸준히 성실하게 학습한다면 학년 구분 없이 원하는 진도를 스스로 계획하고 진행해 나갈 수 있습니다.

(?) '연산 UP'은 어떻게 공부해야 하나요?

'연산 UP'은 4주 동안 훈련한 연산 능력을 확인하는 과정이자 학교에서 흔히 접하는 계산 유형 문제까지 접할 수 있는 코너입니다.
'연산 UP'의 구성은 다음과 같습니다.

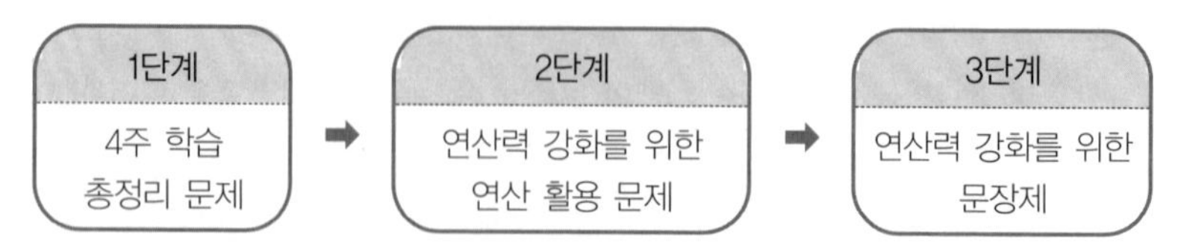

'연산 UP'은 모두 16쪽으로 구성되었으므로 하루 8쪽씩 2일 동안 학습하고, 다음 단계로 진행할 것을 권장합니다.

학습 구성

MA 6~7세

권	제목	주차별 학습 내용	
1	20까지의 수 1	1주	5까지의 수 (1)
		2주	5까지의 수 (2)
		3주	5까지의 수 (3)
		4주	10까지의 수
2	20까지의 수 2	1주	10까지의 수 (1)
		2주	10까지의 수 (2)
		3주	20까지의 수 (1)
		4주	20까지의 수 (2)
3	20까지의 수 3	1주	20까지의 수 (1)
		2주	20까지의 수 (2)
		3주	20까지의 수 (3)
		4주	20까지의 수 (4)
4	50까지의 수	1주	50까지의 수 (1)
		2주	50까지의 수 (2)
		3주	50까지의 수 (3)
		4주	50까지의 수 (4)
5	1000까지의 수	1주	100까지의 수 (1)
		2주	100까지의 수 (2)
		3주	100까지의 수 (3)
		4주	1000까지의 수
6	수 가르기와 모으기	1주	수 가르기 (1)
		2주	수 가르기 (2)
		3주	수 모으기 (1)
		4주	수 모으기 (2)
7	덧셈의 기초	1주	상황 속 덧셈
		2주	더하기 1
		3주	더하기 2
		4주	더하기 3
8	뺄셈의 기초	1주	상황 속 뺄셈
		2주	빼기 1
		3주	빼기 2
		4주	빼기 3

MB 초등 1 · 2학년 ①

권	제목	주차별 학습 내용	
1	덧셈 1	1주	받아올림이 없는 (한 자리 수)+(한 자리 수) (1)
		2주	받아올림이 없는 (한 자리 수)+(한 자리 수) (2)
		3주	받아올림이 없는 (한 자리 수)+(한 자리 수) (3)
		4주	받아올림이 없는 (두 자리 수)+(한 자리 수)
2	덧셈 2	1주	받아올림이 없는 (두 자리 수)+(한 자리 수)
		2주	받아올림이 있는 (한 자리 수)+(한 자리 수) (1)
		3주	받아올림이 있는 (한 자리 수)+(한 자리 수) (2)
		4주	받아올림이 있는 (한 자리 수)+(한 자리 수) (3)
3	뺄셈 1	1주	(한 자리 수)−(한 자리 수) (1)
		2주	(한 자리 수)−(한 자리 수) (2)
		3주	(한 자리 수)−(한 자리 수) (3)
		4주	받아내림이 없는 (두 자리 수)−(한 자리 수)
4	뺄셈 2	1주	받아내림이 없는 (두 자리 수)−(한 자리 수)
		2주	받아내림이 있는 (두 자리 수)−(한 자리 수) (1)
		3주	받아내림이 있는 (두 자리 수)−(한 자리 수) (2)
		4주	받아내림이 있는 (두 자리 수)−(한 자리 수) (3)
5	덧셈과 뺄셈의 완성	1주	(한 자리 수)+(한 자리 수), (한 자리 수)−(한 자리 수)
		2주	세 수의 덧셈, 세 수의 뺄셈 (1)
		3주	(한 자리 수)+(한 자리 수), (두 자리 수)−(한 자리 수)
		4주	세 수의 덧셈, 세 수의 뺄셈 (2)

초등 1 · 2학년 ②

권	제목	주차	주차별 학습 내용
1	두 자리 수의 덧셈 1	1주	받아올림이 없는 (두 자리 수)+(한 자리 수)
		2주	몇십 만들기
		3주	받아올림이 있는 (두 자리 수)+(한 자리 수) (1)
		4주	받아올림이 있는 (두 자리 수)+(한 자리 수) (2)
2	두 자리 수의 덧셈 2	1주	받아올림이 없는 (두 자리 수)+(두 자리 수) (1)
		2주	받아올림이 없는 (두 자리 수)+(두 자리 수) (2)
		3주	받아올림이 없는 (두 자리 수)+(두 자리 수) (3)
		4주	받아올림이 없는 (두 자리 수)+(두 자리 수) (4)
3	두 자리 수의 덧셈 3	1주	받아올림이 있는 (두 자리 수)+(두 자리 수) (1)
		2주	받아올림이 있는 (두 자리 수)+(두 자리 수) (2)
		3주	받아올림이 있는 (두 자리 수)+(두 자리 수) (3)
		4주	받아올림이 있는 (두 자리 수)+(두 자리 수) (4)
4	두 자리 수의 뺄셈 1	1주	받아내림이 없는 (두 자리 수)−(한 자리 수)
		2주	몇십에서 빼기
		3주	받아내림이 있는 (두 자리 수)−(한 자리 수) (1)
		4주	받아내림이 있는 (두 자리 수)−(한 자리 수) (2)
5	두 자리 수의 뺄셈 2	1주	받아내림이 없는 (두 자리 수)−(두 자리 수) (1)
		2주	받아내림이 없는 (두 자리 수)−(두 자리 수) (2)
		3주	받아내림이 없는 (두 자리 수)−(두 자리 수) (3)
		4주	받아내림이 없는 (두 자리 수)−(두 자리 수) (4)
6	두 자리 수의 뺄셈 3	1주	받아내림이 있는 (두 자리 수)−(두 자리 수) (1)
		2주	받아내림이 있는 (두 자리 수)−(두 자리 수) (2)
		3주	받아내림이 있는 (두 자리 수)−(두 자리 수) (3)
		4주	받아내림이 있는 (두 자리 수)−(두 자리 수) (4)
7	덧셈과 뺄셈의 완성	1주	세 수의 덧셈
		2주	세 수의 뺄셈
		3주	(두 자리 수)+(한 자리 수), (두 자리 수)−(한 자리 수) 종합
		4주	(두 자리 수)+(두 자리 수), (두 자리 수)−(두 자리 수) 종합

초등 2 · 3학년 ①

권	제목	주차	주차별 학습 내용
1	두 자리 수의 덧셈	1주	받아올림이 있는 (두 자리 수)+(두 자리 수) (1)
		2주	받아올림이 있는 (두 자리 수)+(두 자리 수) (2)
		3주	받아올림이 있는 (두 자리 수)+(두 자리 수) (3)
		4주	받아올림이 있는 (두 자리 수)+(두 자리 수) (4)
2	세 자리 수의 덧셈 1	1주	받아올림이 없는 (세 자리 수)+(두 자리 수)
		2주	받아올림이 있는 (세 자리 수)+(두 자리 수) (1)
		3주	받아올림이 있는 (세 자리 수)+(두 자리 수) (2)
		4주	받아올림이 있는 (세 자리 수)+(두 자리 수) (3)
3	세 자리 수의 덧셈 2	1주	받아올림이 있는 (세 자리 수)+(세 자리 수) (1)
		2주	받아올림이 있는 (세 자리 수)+(세 자리 수) (2)
		3주	받아올림이 있는 (세 자리 수)+(세 자리 수) (3)
		4주	받아올림이 있는 (세 자리 수)+(세 자리 수) (4)
4	두·세 자리 수의 뺄셈	1주	받아내림이 있는 (두 자리 수)−(두 자리 수) (1)
		2주	받아내림이 있는 (두 자리 수)−(두 자리 수) (2)
		3주	받아내림이 있는 (두 자리 수)−(두 자리 수) (3)
		4주	받아내림이 없는 (세 자리 수)−(두 자리 수)
5	세 자리 수의 뺄셈 1	1주	받아내림이 있는 (세 자리 수)−(두 자리 수) (1)
		2주	받아내림이 있는 (세 자리 수)−(두 자리 수) (2)
		3주	받아내림이 있는 (세 자리 수)−(두 자리 수) (3)
		4주	받아내림이 있는 (세 자리 수)−(두 자리 수) (4)
6	세 자리 수의 뺄셈 2	1주	받아내림이 있는 (세 자리 수)−(세 자리 수) (1)
		2주	받아내림이 있는 (세 자리 수)−(세 자리 수) (2)
		3주	받아내림이 있는 (세 자리 수)−(세 자리 수) (3)
		4주	받아내림이 있는 (세 자리 수)−(세 자리 수) (4)
7	덧셈과 뺄셈의 완성	1주	덧셈의 완성 (1)
		2주	덧셈의 완성 (2)
		3주	뺄셈의 완성 (1)
		4주	뺄셈의 완성 (2)

ME 초등 2 · 3학년 ②

권	제목	주차별 학습 내용	
1	곱셈구구	1주	곱셈구구 (1)
		2주	곱셈구구 (2)
		3주	곱셈구구 (3)
		4주	곱셈구구 (4)
2	(두 자리 수)×(한 자리 수) 1	1주	곱셈구구 종합
		2주	(두 자리 수)×(한 자리 수) (1)
		3주	(두 자리 수)×(한 자리 수) (2)
		4주	(두 자리 수)×(한 자리 수) (3)
3	(두 자리 수)×(한 자리 수) 2	1주	(두 자리 수)×(한 자리 수) (1)
		2주	(두 자리 수)×(한 자리 수) (2)
		3주	(두 자리 수)×(한 자리 수) (3)
		4주	(두 자리 수)×(한 자리 수) (4)
4	(세 자리 수)×(한 자리 수)	1주	(세 자리 수)×(한 자리 수) (1)
		2주	(세 자리 수)×(한 자리 수) (2)
		3주	(세 자리 수)×(한 자리 수) (3)
		4주	곱셈 종합
5	(두 자리 수)÷(한 자리 수) 1	1주	나눗셈의 기초 (1)
		2주	나눗셈의 기초 (2)
		3주	나눗셈의 기초 (3)
		4주	(두 자리 수)÷(한 자리 수)
6	(두 자리 수)÷(한 자리 수) 2	1주	(두 자리 수)÷(한 자리 수) (1)
		2주	(두 자리 수)÷(한 자리 수) (2)
		3주	(두 자리 수)÷(한 자리 수) (3)
		4주	(두 자리 수)÷(한 자리 수) (4)
7	(두·세 자리 수)÷(한 자리 수)	1주	(두 자리 수)÷(한 자리 수) (1)
		2주	(두 자리 수)÷(한 자리 수) (2)
		3주	(세 자리 수)÷(한 자리 수) (1)
		4주	(세 자리 수)÷(한 자리 수) (2)

MF 초등 3 · 4학년

권	제목	주차별 학습 내용	
1	(두 자리 수)×(두 자리 수)	1주	(두 자리 수)×(한 자리 수)
		2주	(두 자리 수)×(두 자리 수) (1)
		3주	(두 자리 수)×(두 자리 수) (2)
		4주	(두 자리 수)×(두 자리 수) (3)
2	(두·세 자리 수)×(두 자리 수)	1주	(두 자리 수)×(두 자리 수)
		2주	(세 자리 수)×(두 자리 수) (1)
		3주	(세 자리 수)×(두 자리 수) (2)
		4주	곱셈의 완성
3	(두 자리 수)÷(두 자리 수)	1주	(두 자리 수)÷(두 자리 수) (1)
		2주	(두 자리 수)÷(두 자리 수) (2)
		3주	(두 자리 수)÷(두 자리 수) (3)
		4주	(두 자리 수)÷(두 자리 수) (4)
4	(세 자리 수)÷(두 자리 수)	1주	(세 자리 수)÷(두 자리 수) (1)
		2주	(세 자리 수)÷(두 자리 수) (2)
		3주	(세 자리 수)÷(두 자리 수) (3)
		4주	나눗셈의 완성
5	혼합 계산	1주	혼합 계산 (1)
		2주	혼합 계산 (2)
		3주	혼합 계산 (3)
		4주	곱셈과 나눗셈, 혼합 계산 총정리
6	분수의 덧셈과 뺄셈	1주	분수의 덧셈 (1)
		2주	분수의 덧셈 (2)
		3주	분수의 뺄셈 (1)
		4주	분수의 뺄셈 (2)
7	소수의 덧셈과 뺄셈	1주	분수의 덧셈과 뺄셈
		2주	소수의 기초, 소수의 덧셈과 뺄셈 (1)
		3주	소수의 덧셈과 뺄셈 (2)
		4주	소수의 덧셈과 뺄셈 (3)

주별 학습 내용 MD단계 ❶권

받아올림이 있는 (두 자리 수)+(두 자리 수) (1)

요일	교재 번호	학습한 날짜	확인
1일차(월)	01~08	월 일	
2일차(화)	09~16	월 일	
3일차(수)	17~24	월 일	
4일차(목)	25~32	월 일	
5일차(금)	33~40	월 일	

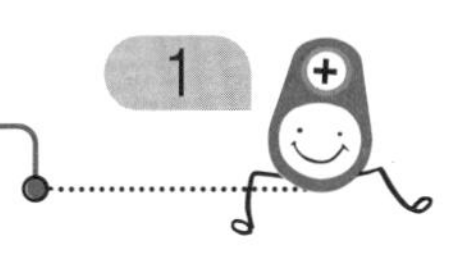

● □ 안에 알맞은 수를 쓰세요.

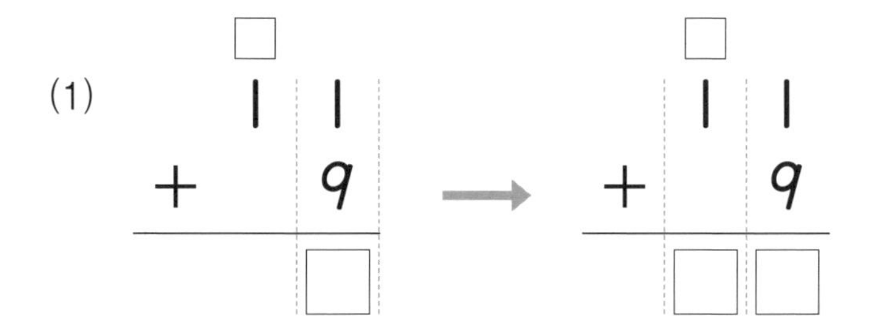

(1) $11 + 9 = \square$ → $11 + 9 = \square\square$

(2) $12 + 8 = \square$ → $12 + 8 = \square\square$

(3) $22 + 9 = \square$ → $22 + 9 = \square\square$

(4) $33 + 7 = \square$ → $33 + 7 = \square\square$

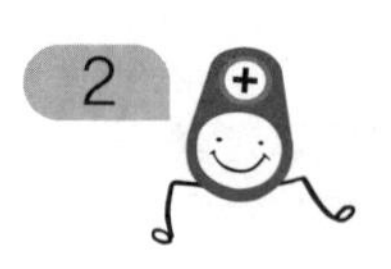

(5)

$$\begin{array}{r} \square\ \ \\ 2\ 4 \\ +\ \ \ 6 \\ \hline \square \end{array} \longrightarrow \begin{array}{r} \square\ \ \\ 2\ 4 \\ +\ \ \ 6 \\ \hline \square\ \square \end{array}$$

(6)

$$\begin{array}{r} \square\ \ \\ 1\ 3 \\ +\ \ \ 8 \\ \hline \square \end{array} \longrightarrow \begin{array}{r} \square\ \ \\ 1\ 3 \\ +\ \ \ 8 \\ \hline \square\ \square \end{array}$$

(7)

$$\begin{array}{r} \square\ \ \\ 3\ 4 \\ +\ \ \ 6 \\ \hline \square \end{array} \longrightarrow \begin{array}{r} \square\ \ \\ 3\ 4 \\ +\ \ \ 6 \\ \hline \square\ \square \end{array}$$

(8)

$$\begin{array}{r} \square\ \ \\ 2\ 5 \\ +\ \ \ 6 \\ \hline \square \end{array} \longrightarrow \begin{array}{r} \square\ \ \\ 2\ 5 \\ +\ \ \ 6 \\ \hline \square\ \square \end{array}$$

● □ 안에 알맞은 수를 쓰세요.

(1)
$$\begin{array}{rcc} & \square & \\ & 2 & 1 \\ + & 1 & 9 \\ \hline & & \square \end{array} \rightarrow \begin{array}{rcc} & \square & \\ & 2 & 1 \\ + & 1 & 9 \\ \hline & \square & \square \end{array}$$

(2)
$$\begin{array}{rcc} & \square & \\ & 3 & 1 \\ + & 1 & 9 \\ \hline & & \square \end{array} \rightarrow \begin{array}{rcc} & \square & \\ & 3 & 1 \\ + & 1 & 9 \\ \hline & \square & \square \end{array}$$

(3)
$$\begin{array}{rcc} & \square & \\ & 2 & 2 \\ + & 1 & 8 \\ \hline & & \square \end{array} \rightarrow \begin{array}{rcc} & \square & \\ & 2 & 2 \\ + & 1 & 8 \\ \hline & \square & \square \end{array}$$

(4)
$$\begin{array}{rcc} & \square & \\ & 1 & 2 \\ + & 1 & 9 \\ \hline & & \square \end{array} \rightarrow \begin{array}{rcc} & \square & \\ & 1 & 2 \\ + & 1 & 9 \\ \hline & \square & \square \end{array}$$

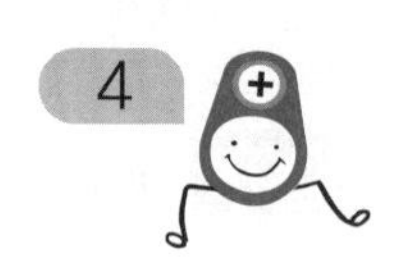

(5)

$$\begin{array}{r} \square \\ 1\,3 \\ +\,1\,7 \\ \hline \square \end{array} \longrightarrow \begin{array}{r} \square \\ 1\,3 \\ +\,1\,7 \\ \hline \square\,\square \end{array}$$

(6)

$$\begin{array}{r} \square \\ 2\,3 \\ +\,1\,9 \\ \hline \square \end{array} \longrightarrow \begin{array}{r} \square \\ 2\,3 \\ +\,1\,9 \\ \hline \square\,\square \end{array}$$

(7)

$$\begin{array}{r} \square \\ 2\,4 \\ +\,2\,6 \\ \hline \square \end{array} \longrightarrow \begin{array}{r} \square \\ 2\,4 \\ +\,2\,6 \\ \hline \square\,\square \end{array}$$

(8)

$$\begin{array}{r} \square \\ 3\,5 \\ +\,1\,7 \\ \hline \square \end{array} \longrightarrow \begin{array}{r} \square \\ 3\,5 \\ +\,1\,7 \\ \hline \square\,\square \end{array}$$

● 덧셈을 하세요.

(1)

	2	1
+		9

(2)

	3	1
+		9

(3)

	1	2
+		8

(4)

	1	2
+		9

(5)

	4	1
+		9

(6)

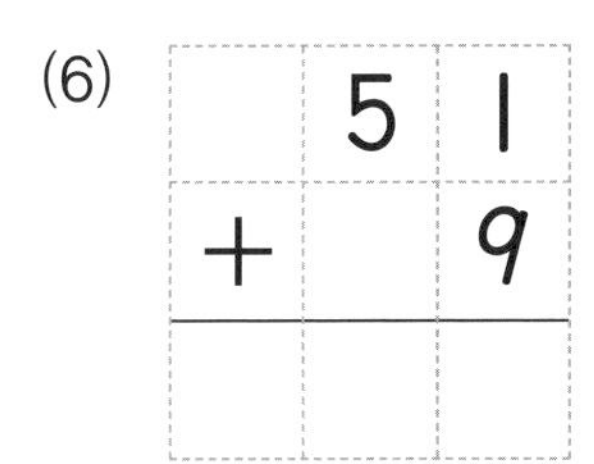

	5	1
+		9

(7)

	2	2
+		8

(8)

	2	2
+		9

(9)

	1	3
+		7

(10)

	2	3
+		7

(11)

	1	4
+		6

(12)

	2	4
+		7

(13)

	1	3
+		8

(14)

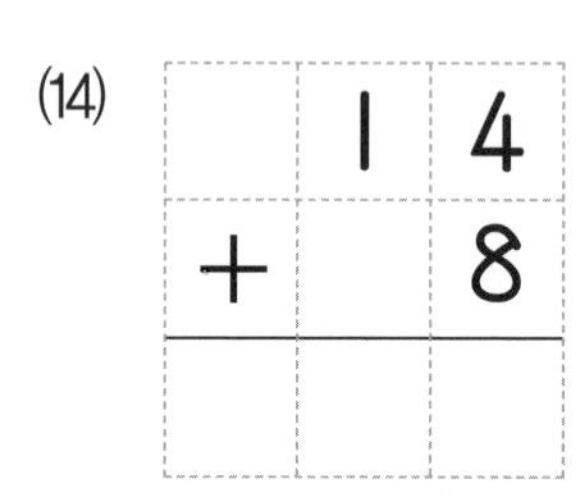

	1	4
+		8

(15)

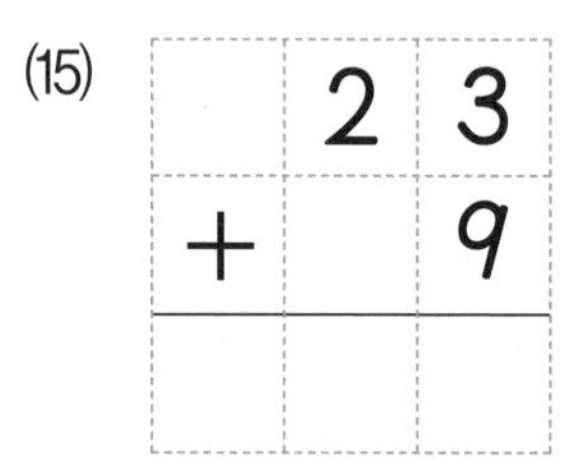

	2	3
+		9

(16)

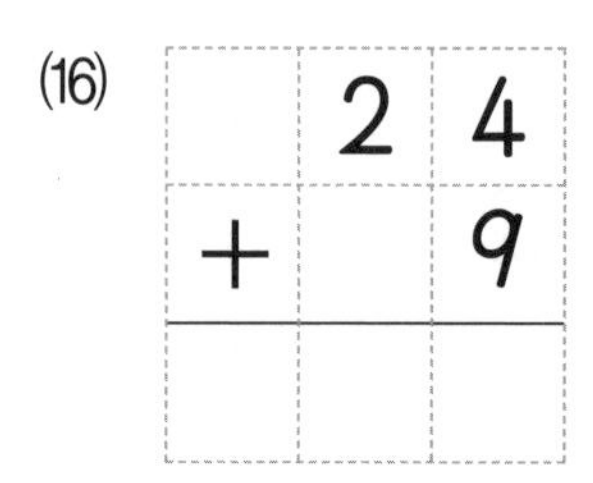

	2	4
+		9

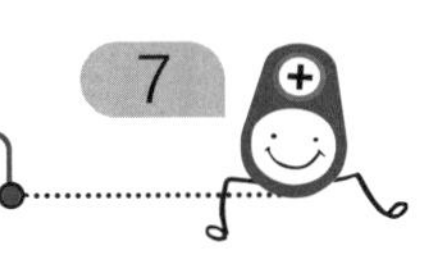

● 덧셈을 하세요.

(1)

	1	1
+		9

(2)

	3	2
+		8

(3)

	1	3
+		9

(4)

	1	5
+		5

(5)

	2	5
+		6

(6)

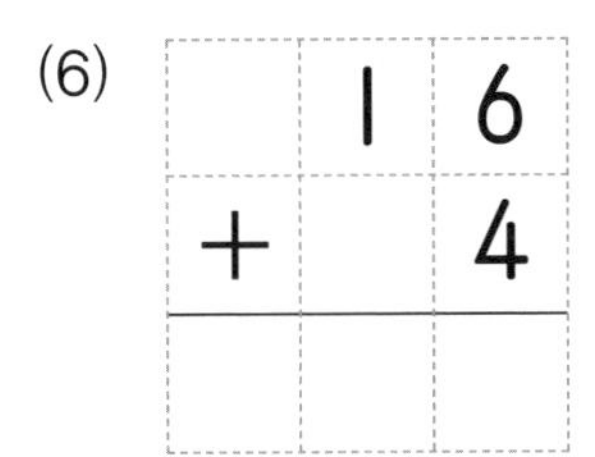

(7)

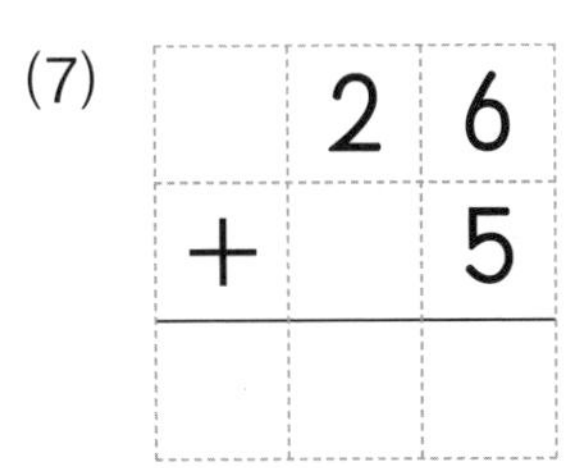

(8)

	1	7
+		3

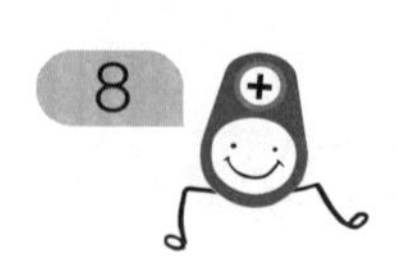

(9)

	3	4
+		6

(10)

	1	5
+		7

(11)

	2	7
+		3

(12)

	1	7
+		4

(13)

	1	8
+		2

(14)

	2	8
+		4

(15)

	1	9
+		1

(16)

	2	9
+		3

MD01 받아올림이 있는 (두 자리 수)+(두 자리 수) (1)

● 덧셈을 하세요.

(1)

	2	1
+		9

(2)

	3	1
+		9

(3)

	1	2
+		8

(4)

	2	2
+		9

(5)

	3	3
+		7

(6)

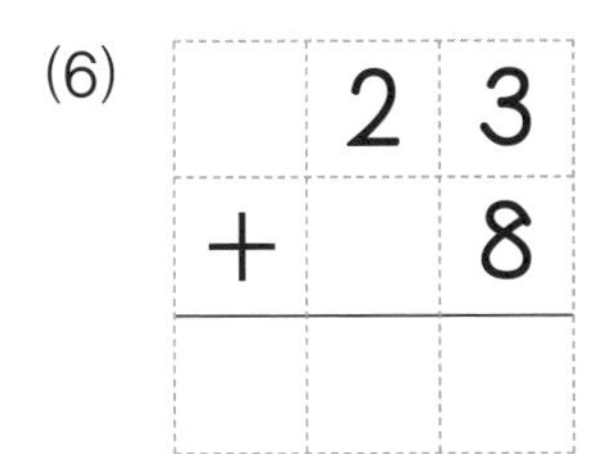

	2	3
+		8

(7)

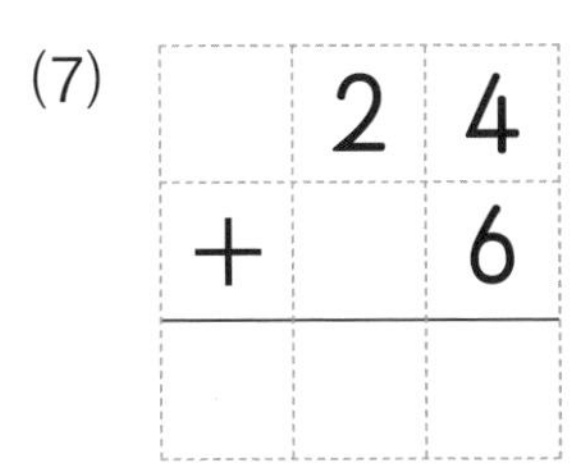

	2	4
+		6

(8)

	1	4
+		7

(9)

	2	5
+		5

(10)

	1	5
+		6

(11)

	2	6
+		4

(12)

	2	7
+		4

(13)

	1	6
+		5

(14)

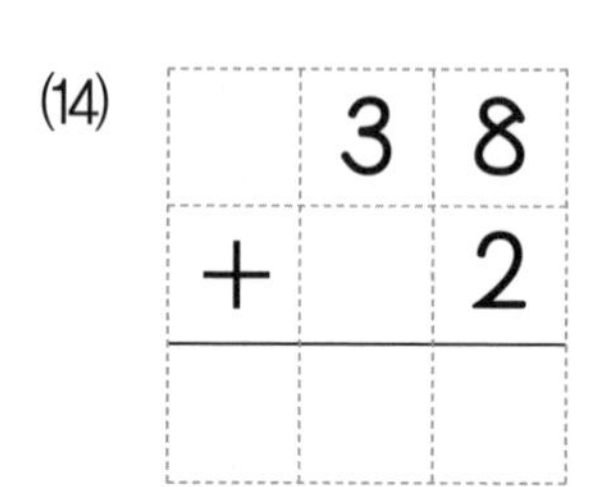

	3	8
+		2

(15)

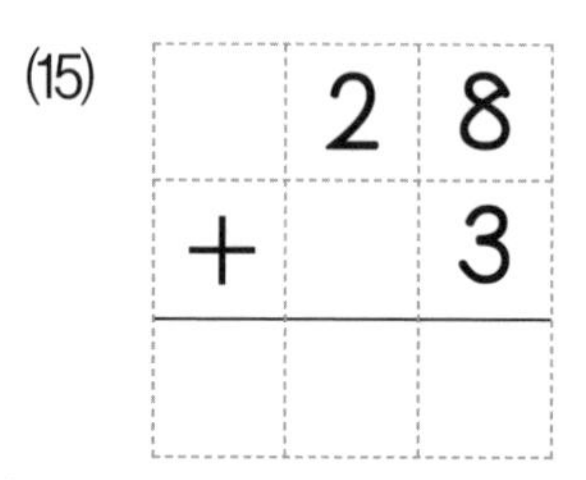

	2	8
+		3

(16)

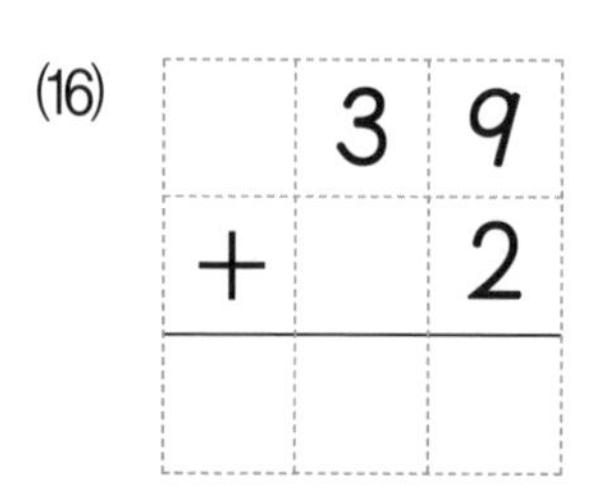

	3	9
+		2

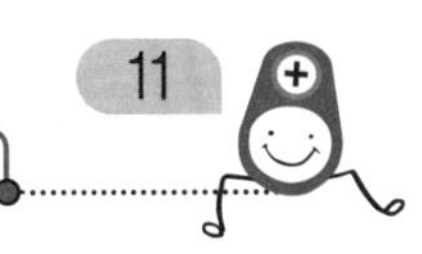

● 덧셈을 하세요.

(1)

	1	1
+	1	9

(2)

	1	1
+	2	9

(3)

	2	1
+	2	9

(4)

	2	1
+	3	9

(5)

	1	2
+	1	8

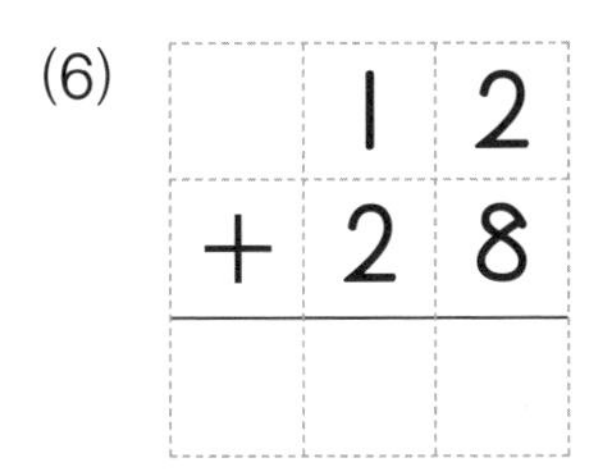

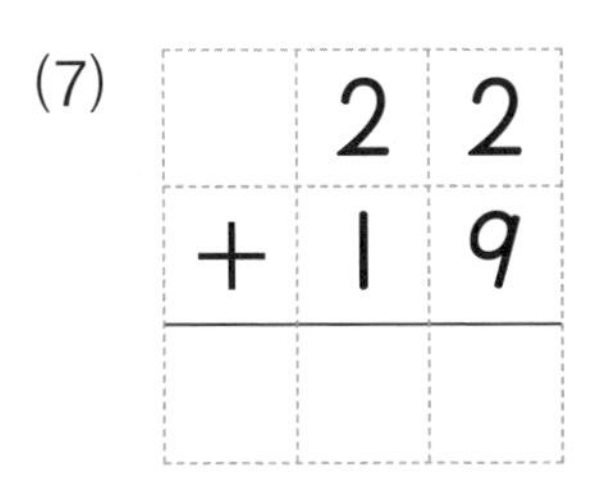

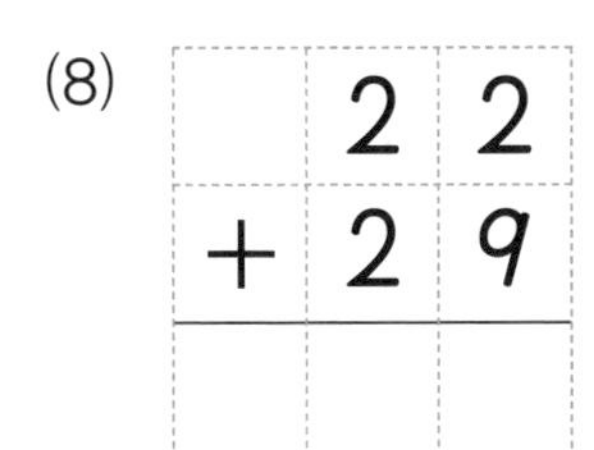

(9)

	2	2
+	1	8

(10)

	1	2
+	3	8

(11)

	2	2
+	2	8

(12)

	1	2
+	1	9

(13)

	3	2
+	1	8

(14)

	1	2
+	2	9

(15)

	3	2
+	1	9

(16)

	2	2
+	3	9

MD01 받아올림이 있는 (두 자리 수)+(두 자리 수) (1)

● 덧셈을 하세요.

(1)

	1	3
+	2	7

(2)

	2	3
+	1	7

(3)

	3	3
+	1	7

(4)

	1	3
+	1	8

(5)

	1	3
+	2	8

(6)

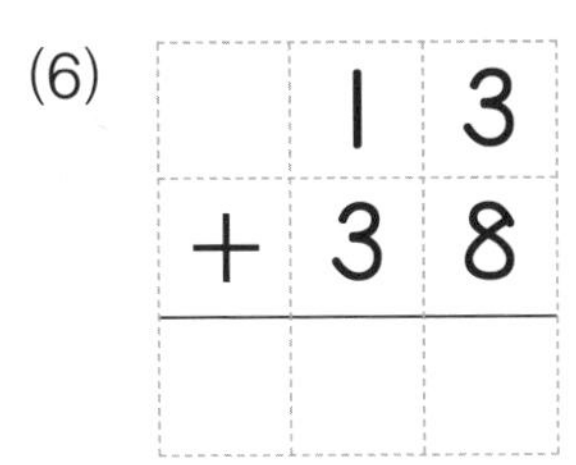

	1	3
+	3	8

(7)

	4	3
+	1	7

(8)

	2	3
+	1	8

(9)

	1	3
+	3	7

(10)

	2	3
+	2	8

(11)

	2	3
+	3	8

(12)

	1	3
+	1	9

(13)

	2	3
+	3	7

(14)

	2	3
+	1	9

(15)

	2	3
+	2	9

(16)

	3	3
+	2	9

● 덧셈을 하세요.

(1)

	1	4
+	1	6

(2)

	1	4
+	2	6

(3)

	1	4
+	3	6

(4)

	1	4
+	1	7

(5)

	2	4
+	1	7

(6)

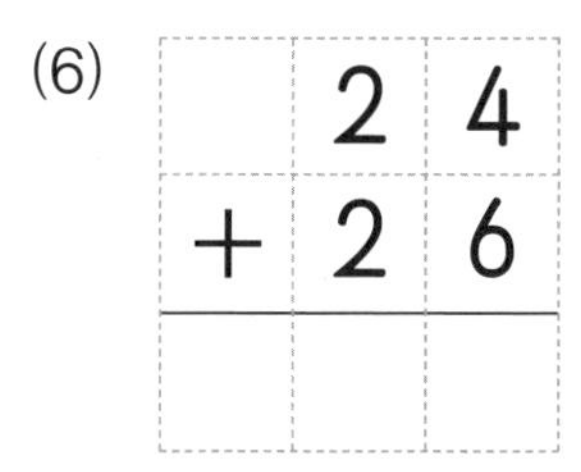

	2	4
+	2	6

(7)

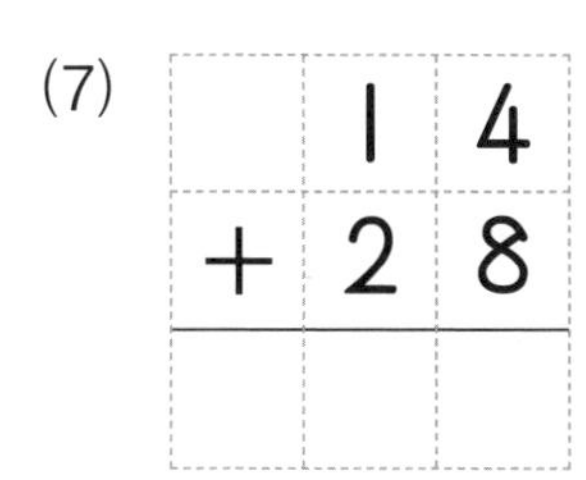

	1	4
+	2	8

(8)

	2	4
+	3	8

(9)

	2	4
+	1	6

(10)

	3	4
+	1	7

(11)

	1	4
+	2	7

(12)

	3	4
+	1	8

(13)

	2	4
+	2	8

(14)

	1	4
+	2	9

(15)

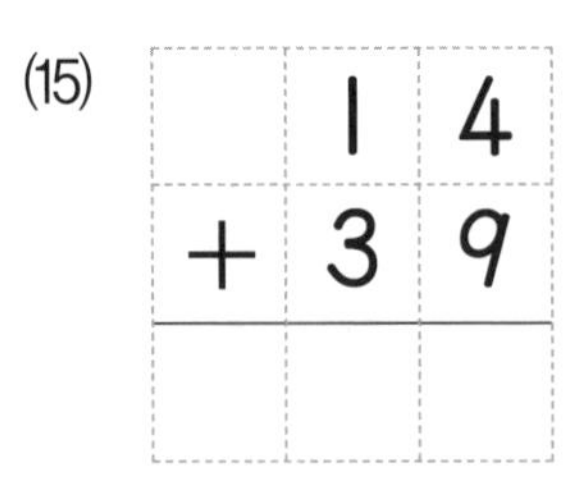

	1	4
+	3	9

(16)

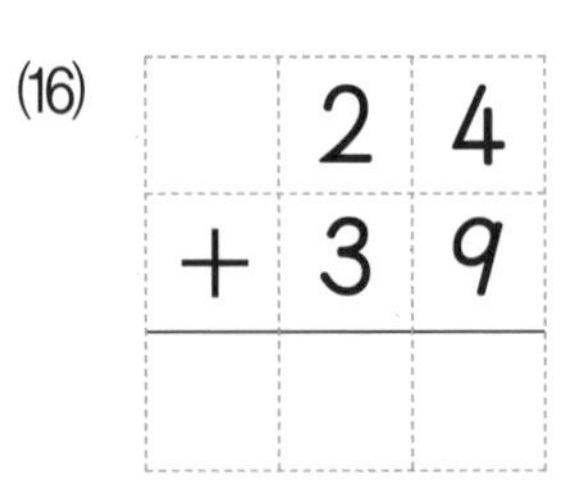

	2	4
+	3	9

● 덧셈을 하세요.

(1)

	2	1
+	1	9

(2)

	3	1
+	1	9

(3)

	1	2
+	3	8

(4)

	2	2
+	4	9

(5)

	1	3
+	4	7

(6)

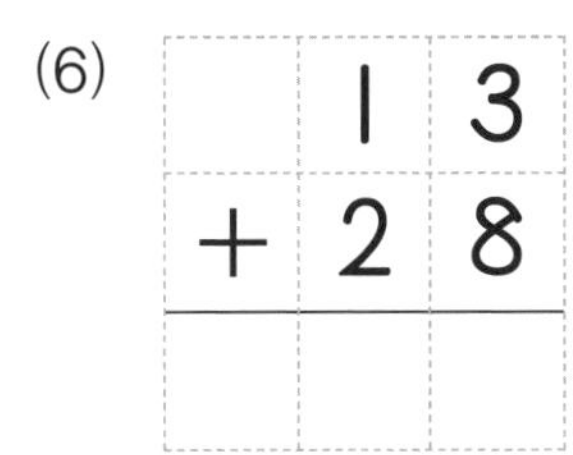

	1	3
+	2	8

(7)

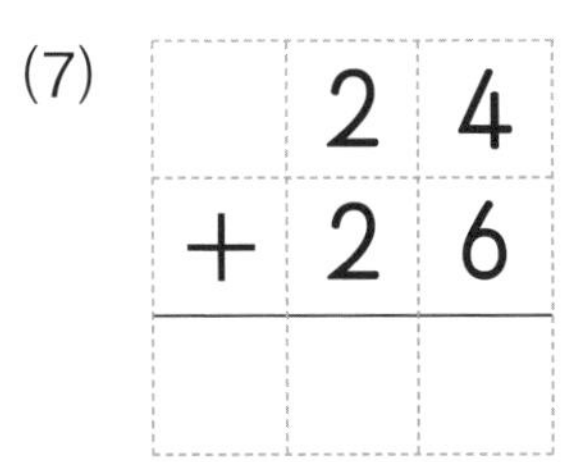

	2	4
+	2	6

(8)

	1	4
+	1	8

(9)

	4	1
+	1	9

(10)

	3	2
+	3	9

(11)

	2	3
+	2	8

(12)

	3	3
+	1	9

(13)

	3	4
+	1	6

(14)

	4	4
+	1	7

(15)

	3	3
+	2	7

(16)

	3	4
+	2	9

● 덧셈을 하세요.

(1)

	1	5
+	1	5

(2)

	1	5
+	3	5

(3)

	1	5
+	2	6

(4)

	2	5
+	2	5

(5)

	2	5
+	1	6

(6)

	2	5
+	1	5

(7)

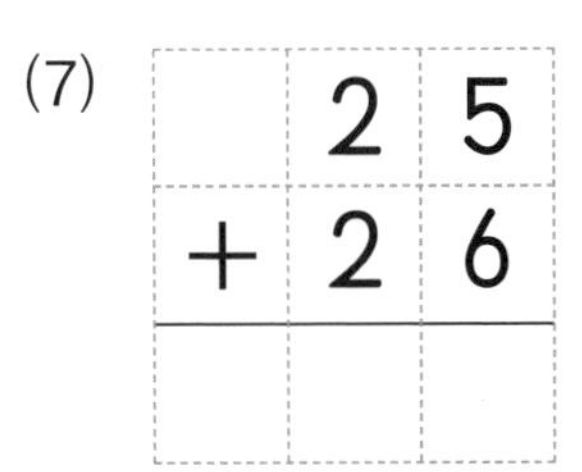

	2	5
+	2	6

(8)

	3	5
+	2	7

(9)

	1	5
+	2	5

(10)

	1	5
+	1	7

(11)

	2	5
+	1	8

(12)

	4	5
+	1	8

(13)

	2	5
+	1	9

(14)

	3	5
+	2	8

(15)

	2	5
+	3	9

(16)

	3	5
+	3	9

● 덧셈을 하세요.

(1)

	1	6
+	1	4

(2)

	1	6
+	2	4

(3)

	1	6
+	1	5

(4)

	3	6
+	1	4

(5)

	2	6
+	1	5

(6)

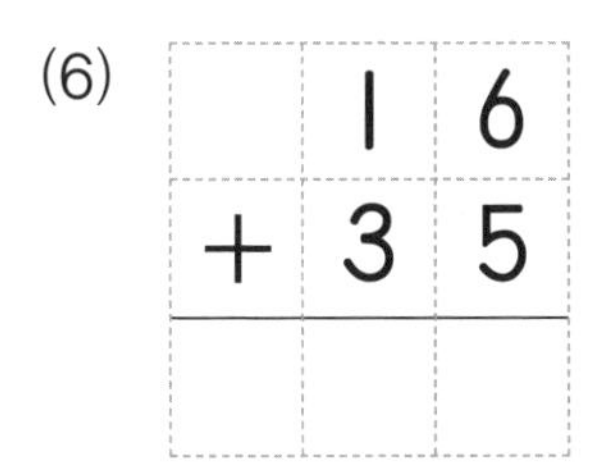

	1	6
+	3	5

(7)

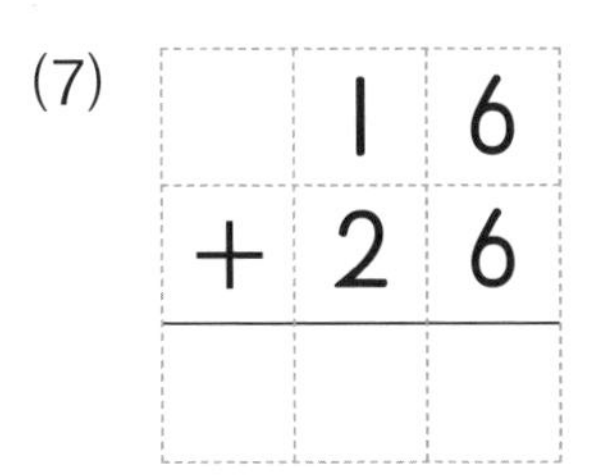

	1	6
+	2	6

(8)

	2	6
+	2	6

(9)

	2	6
+	2	4

(10)

	3	6
+	1	6

(11)

	1	6
+	2	7

(12)

	3	6
+	1	7

(13)

	1	6
+	1	8

(14)

	2	6
+	3	8

(15)

	2	6
+	1	9

(16)

	3	6
+	2	9

● 덧셈을 하세요.

(1)

	2	5
+	1	5

(2)

	1	5
+	1	6

(3)

	2	5
+	1	7

(4)

	2	6
+	1	4

(5)

	3	6
+	2	4

(6)

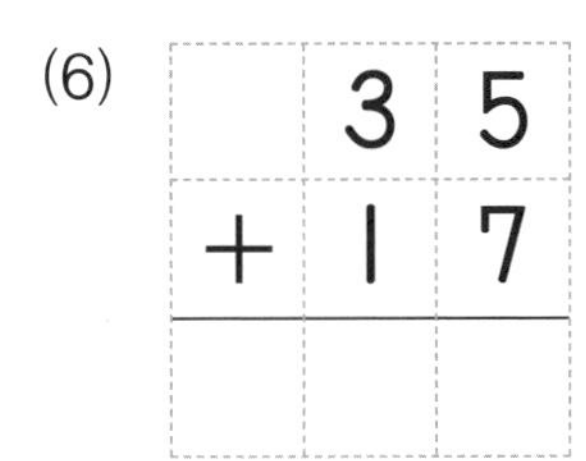

	3	5
+	1	7

(7)

	2	6
+	2	5

(8)

	3	6
+	2	6

(9)

	1	5
+	3	6

(10)

	2	5
+	2	8

(11)

	2	6
+	3	5

(12)

	1	6
+	4	4

(13)

	2	5
+	4	9

(14)

	5	6
+	1	8

(15)

	3	5
+	1	9

(16)

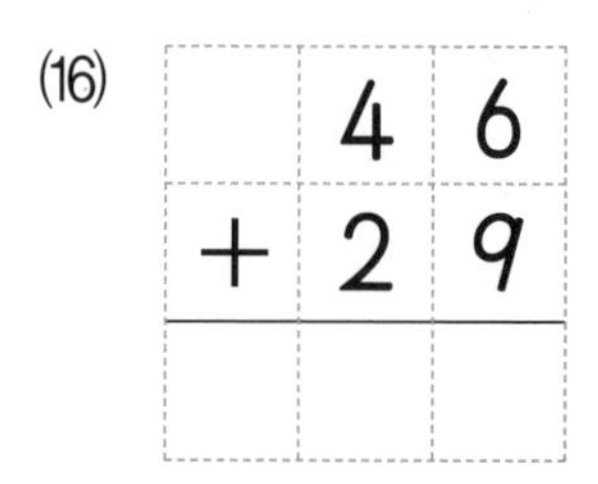

	4	6
+	2	9

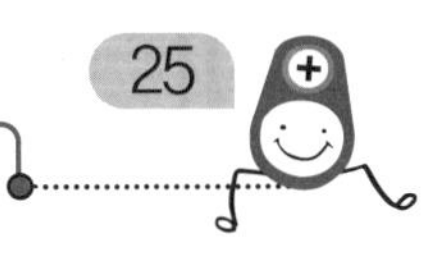

● 덧셈을 하세요.

(1)

	2	1
+	1	9

(2)

	3	2
+	1	9

(3)

	2	2
+	2	8

(4)

	2	3
+	4	8

(5)

	3	3
+	1	7

(6)

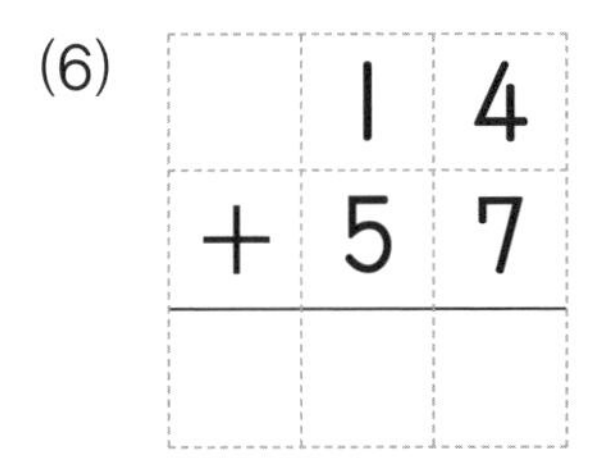

(7)

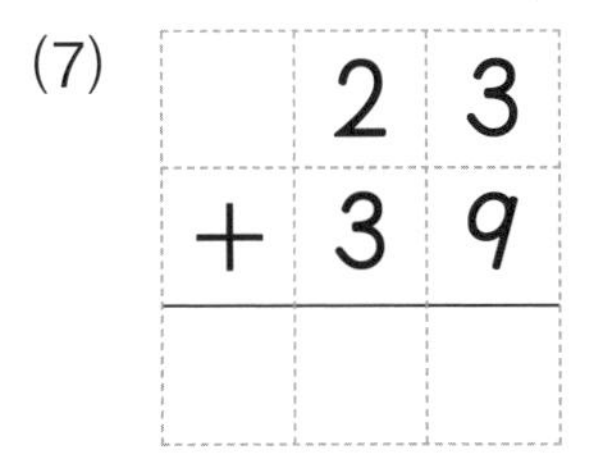

(8)

	2	4
+	4	6

(9)

	2	4
+	1	8

(10)

	2	4
+	5	8

(11)

	1	5
+	2	9

(12)

	2	6
+	3	4

(13)

	3	6
+	1	8

(14)

	3	5
+	2	5

(15)

	2	5
+	4	7

(16)

	3	6
+	4	9

● 덧셈을 하세요.

(1)

	1	7
+	1	3

(2)

	2	7
+	1	3

(3)

	1	7
+	1	4

(4)

	3	7
+	1	4

(5)

	2	7
+	3	5

(6)

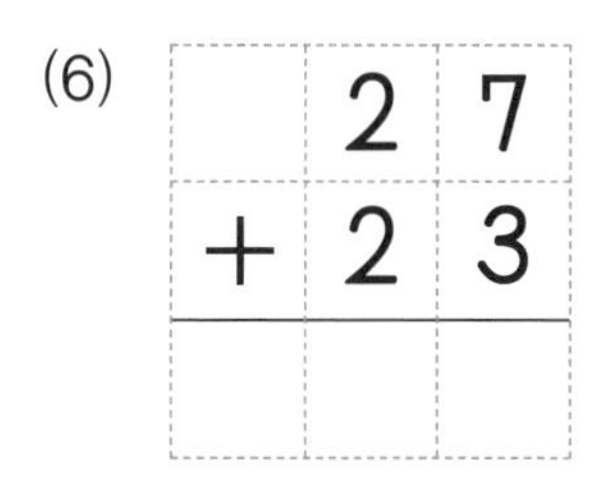

	2	7
+	2	3

(7)

	1	7
+	3	5

(8)

	2	7
+	1	4

(9)

	1	7
+	2	5

(10)

	2	7
+	1	6

(11)

	2	7
+	2	7

(12)

	3	7
+	2	7

(13)

	2	7
+	3	8

(14)

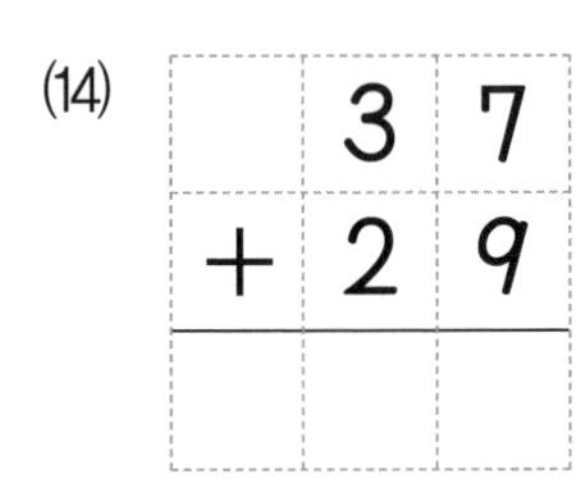

	3	7
+	2	9

(15)

	4	7
+	1	8

(16)

	4	7
+	4	9

● 덧셈을 하세요.

(1)

	1	8
+	2	2

(2)

	1	8
+	3	2

(3)

	1	8
+	1	3

(4)

	2	8
+	2	3

(5)

	4	8
+	1	2

(6)

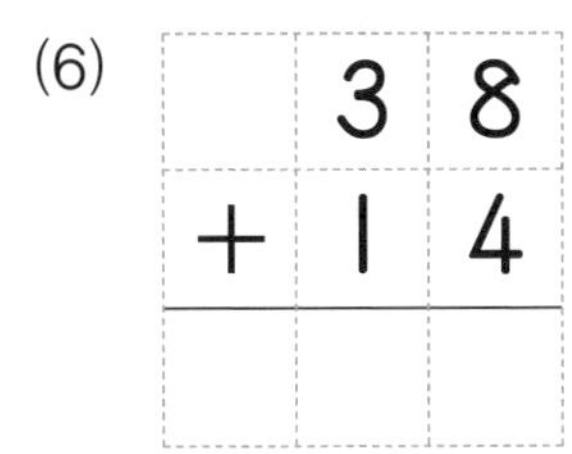

	3	8
+	1	4

(7)

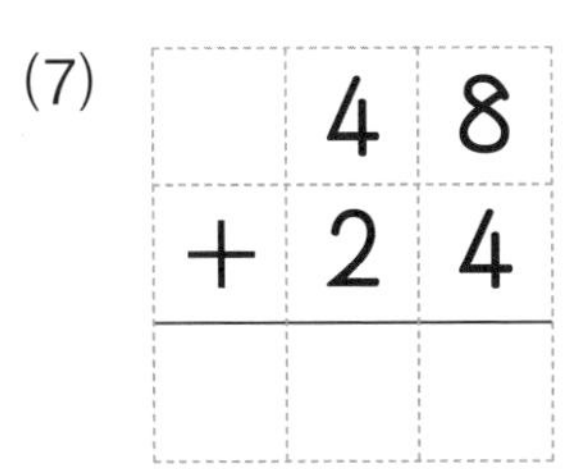

	4	8
+	2	4

(8)

	3	8
+	2	5

(9)

	1	8
+	3	5

(13)

	2	8
+	3	7

(10)

	2	8
+	1	6

(14)

	4	8
+	4	8

(11)

	2	8
+	2	7

(15)

	3	8
+	4	9

(12)

	3	8
+	3	6

(16)

	4	8
+	2	9

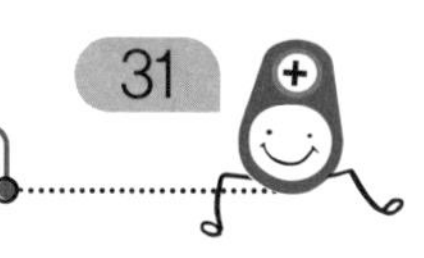

● 덧셈을 하세요.

(1)

	1	7
+	2	3

(2)

	2	7
+	2	4

(3)

	2	7
+	1	5

(4)

	2	8
+	3	3

(5)

	2	8
+	1	2

(6)

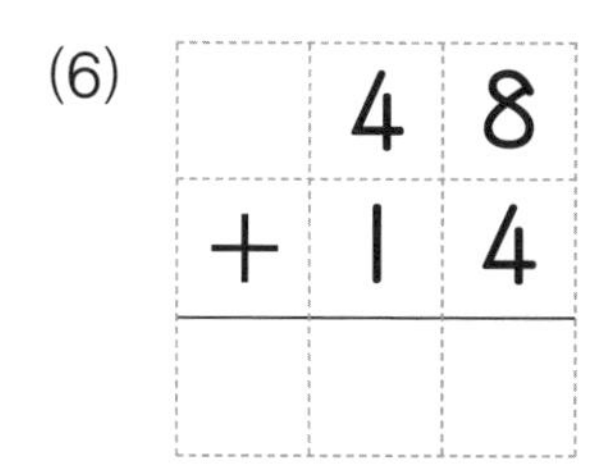

	4	8
+	1	4

(7)

	3	7
+	2	6

(8)

	1	9
+	3	2

(9)
$$\begin{array}{r} 37 \\ +\ 17 \\ \hline \end{array}$$

(10)
$$\begin{array}{r} 28 \\ +\ 36 \\ \hline \end{array}$$

(11)
$$\begin{array}{r} 19 \\ +\ 51 \\ \hline \end{array}$$

(12)
$$\begin{array}{r} 28 \\ +\ 19 \\ \hline \end{array}$$

(13)
$$\begin{array}{r} 29 \\ +\ 23 \\ \hline \end{array}$$

(14)
$$\begin{array}{r} 49 \\ +\ 24 \\ \hline \end{array}$$

(15)
$$\begin{array}{r} 39 \\ +\ 36 \\ \hline \end{array}$$

(16)
$$\begin{array}{r} 59 \\ +\ 39 \\ \hline \end{array}$$

● 덧셈을 하세요.

(1)

	2	1
+	3	9

(2)

	3	1
+	1	9

(3)

	1	2
+	2	8

(4)

	2	2
+	2	9

(5)

	1	3
+	2	7

(6)

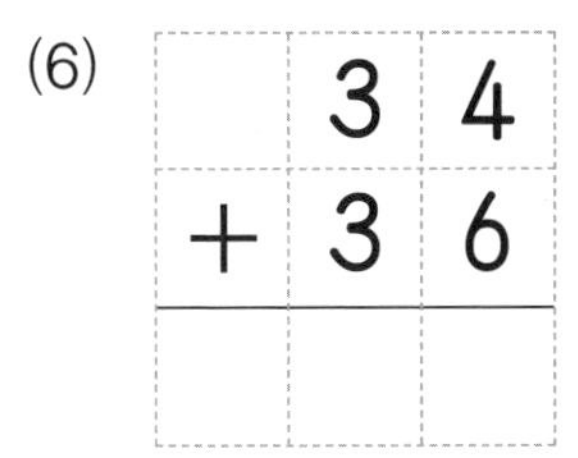

	3	4
+	3	6

(7)

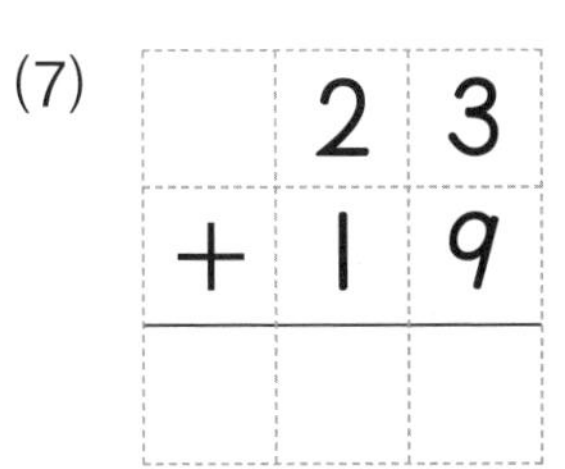

	2	3
+	1	9

(8)

	3	4
+	2	8

(9)

	2	5
+	3	5

(10)

	1	6
+	3	6

(11)

	3	5
+	2	7

(12)

	2	7
+	2	3

(13)

	2	8
+	4	4

(14)

	3	8
+	4	2

(15)

	4	9
+	1	4

(16)

	5	9
+	2	7

● 덧셈을 하세요.

(1)

	1	1
+	2	9

(2)

	3	2
+	2	8

(3)

	3	2
+	1	9

(4)

	4	3
+	2	8

(5)

	2	4
+	3	7

(6)

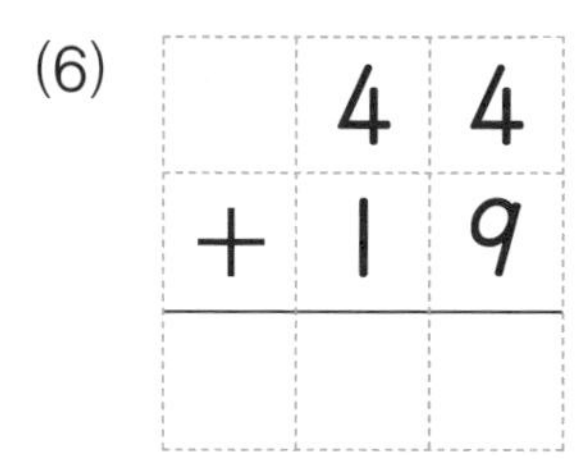

(7)

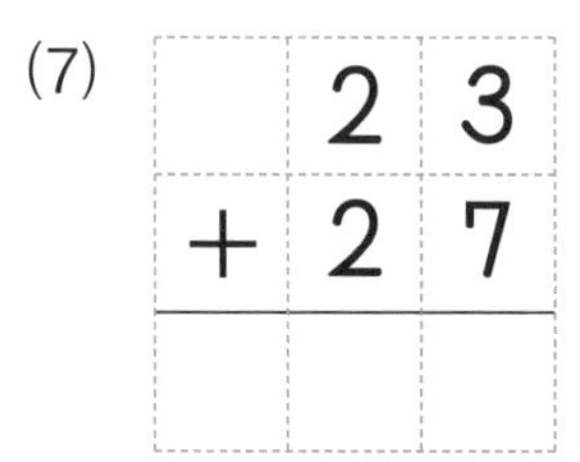

(8)

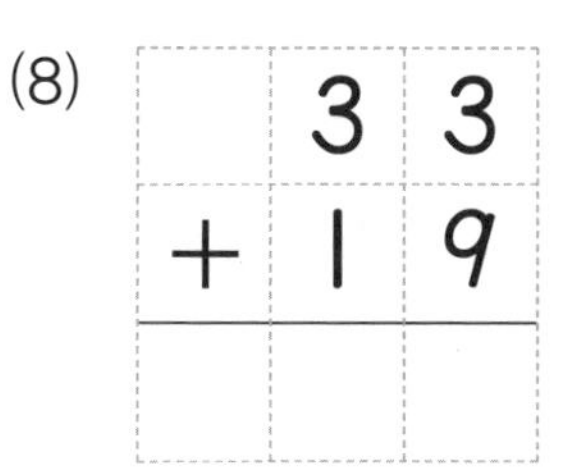

(9)

	3	5
+	1	5

(13)

	3	8
+	2	5

(10)

	4	5
+	1	8

(14)

	5	9
+	1	1

(11)

	2	6
+	3	4

(15)

	4	8
+	2	8

(12)

	3	7
+	3	4

(16)

	6	9
+	2	5

● 덧셈을 하세요.

(1)

	2	2
+	2	8

(2)

	2	3
+	1	8

(3)

	2	5
+	3	6

(4)

	3	4
+	1	6

(5)

	5	6
+	2	5

(6)

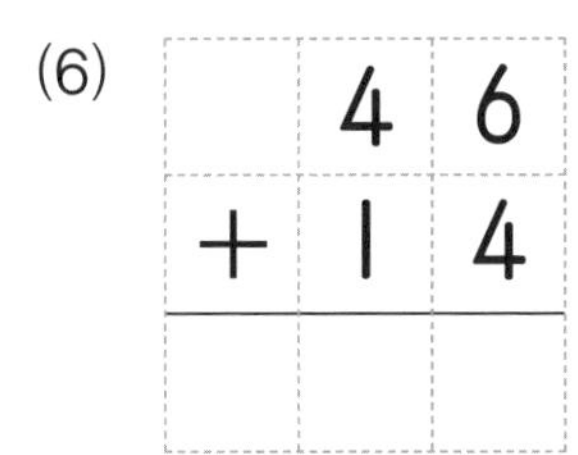

	4	6
+	1	4

(7)

	2	7
+	2	4

(8)

	3	9
+	2	6

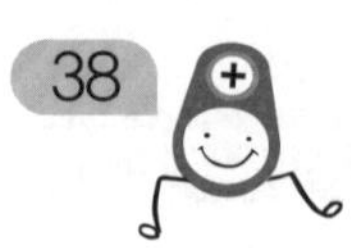

(9)

	2	1
+	1	9

(10)

	1	4
+	1	8

(11)

	5	5
+	3	7

(12)

	2	7
+	3	6

(13)

	1	8
+	3	6

(14)

	2	9
+	2	2

(15)

	4	7
+	1	8

(16)

	7	8
+	1	7

● 덧셈을 하세요.

(1)

	3	2
+	1	8

(2)

	2	1
+	2	9

(3)

	2	3
+	3	8

(4)

	3	4
+	2	7

(5)

	4	5
+	1	8

(6)

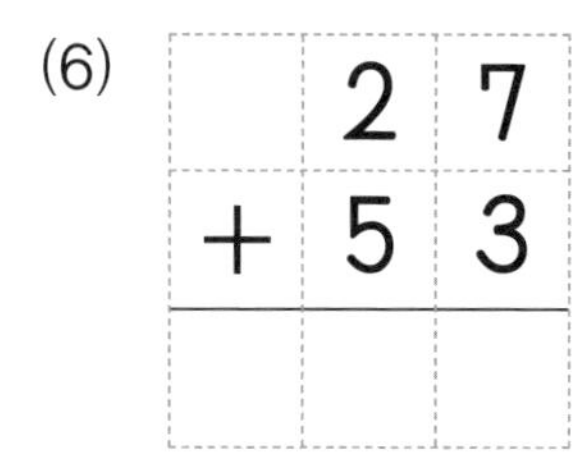

(7)

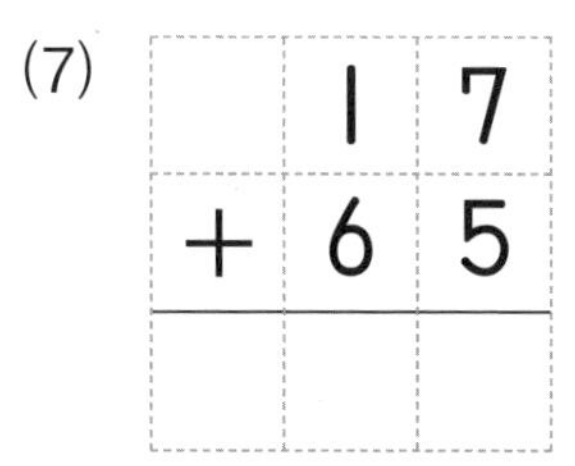

(8)

	2	9
+	3	3

(9)

	2	3
+	1	7

(10)

	3	3
+	1	9

(11)

	1	4
+	4	9

(12)

	2	5
+	3	9

(13)

	5	6
+	3	6

(14)

	4	8
+	4	2

(15)

	2	8
+	4	5

(16)

	3	9
+	4	5

받아올림이 있는 (두 자리 수)+(두 자리 수) (2)

요일	교재 번호	학습한 날짜	확인
1일차(월)	01~08	월 일	
2일차(화)	09~16	월 일	
3일차(수)	17~24	월 일	
4일차(목)	25~32	월 일	
5일차(금)	33~40	월 일	

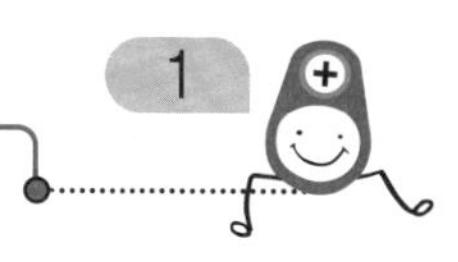

● □ 안에 알맞은 수를 쓰세요.

(1)

$$\begin{array}{r} 10 \\ +\ 90 \\ \hline \square \end{array} \rightarrow \begin{array}{r} 10 \\ +\ 90 \\ \hline \square\square\square \end{array}$$

(2)

$$\begin{array}{r} 20 \\ +\ 90 \\ \hline \square \end{array} \rightarrow \begin{array}{r} 20 \\ +\ 90 \\ \hline \square\square\square \end{array}$$

(3)

$$\begin{array}{r} 16 \\ +\ 92 \\ \hline \square \end{array} \rightarrow \begin{array}{r} 16 \\ +\ 92 \\ \hline \square\square\square \end{array}$$

(4)

$$\begin{array}{r} 28 \\ +\ 91 \\ \hline \square \end{array} \rightarrow \begin{array}{r} 28 \\ +\ 91 \\ \hline \square\square\square \end{array}$$

(5)

$$\begin{array}{r} 30 \\ +\ 70 \\ \hline \square \end{array} \rightarrow \begin{array}{r} 30 \\ +\ 70 \\ \hline \square\square\square \end{array}$$

(6)

$$\begin{array}{r} 40 \\ +\ 80 \\ \hline \square \end{array} \rightarrow \begin{array}{r} 40 \\ +\ 80 \\ \hline \square\square\square \end{array}$$

(7)

$$\begin{array}{r} 30 \\ +\ 96 \\ \hline \square \end{array} \rightarrow \begin{array}{r} 30 \\ +\ 96 \\ \hline \square\square\square \end{array}$$

(8)

$$\begin{array}{r} 41 \\ +\ 72 \\ \hline \square \end{array} \rightarrow \begin{array}{r} 41 \\ +\ 72 \\ \hline \square\square\square \end{array}$$

● □ 안에 알맞은 수를 쓰세요.

(1)
$$\begin{array}{r} 5\ 0 \\ +\ 9\ 0 \\ \hline \square \end{array} \rightarrow \begin{array}{r} 5\ 0 \\ +\ 9\ 0 \\ \hline \square\square\square \end{array}$$

(2)
$$\begin{array}{r} 6\ 0 \\ +\ 8\ 0 \\ \hline \square \end{array} \rightarrow \begin{array}{r} 6\ 0 \\ +\ 8\ 0 \\ \hline \square\square\square \end{array}$$

(3)
$$\begin{array}{r} 5\ 8 \\ +\ 7\ 0 \\ \hline \square \end{array} \rightarrow \begin{array}{r} 5\ 8 \\ +\ 7\ 0 \\ \hline \square\square\square \end{array}$$

(4)
$$\begin{array}{r} 7\ 2 \\ +\ 7\ 3 \\ \hline \square \end{array} \rightarrow \begin{array}{r} 7\ 2 \\ +\ 7\ 3 \\ \hline \square\square\square \end{array}$$

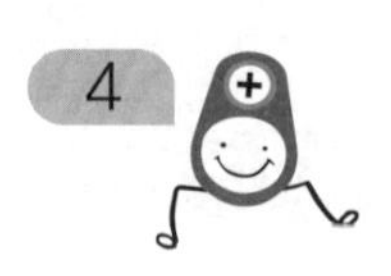

(5)

$$\begin{array}{r} 30 \\ +\ 82 \\ \hline \square \end{array} \longrightarrow \begin{array}{r} 30 \\ +\ 82 \\ \hline \square\square\square \end{array}$$

(6)

$$\begin{array}{r} 43 \\ +\ 93 \\ \hline \square \end{array} \longrightarrow \begin{array}{r} 43 \\ +\ 93 \\ \hline \square\square\square \end{array}$$

(7)

$$\begin{array}{r} 56 \\ +\ 61 \\ \hline \square \end{array} \longrightarrow \begin{array}{r} 56 \\ +\ 61 \\ \hline \square\square\square \end{array}$$

(8)

$$\begin{array}{r} 82 \\ +\ 84 \\ \hline \square \end{array} \longrightarrow \begin{array}{r} 82 \\ +\ 84 \\ \hline \square\square\square \end{array}$$

● 덧셈을 하세요.

(1)

	1	0
+	9	0

(2)

	1	3
+	9	0

(3)

	1	0
+	9	6

(4)

	1	0
+	9	8

(5)

	1	1
+	9	1

(6)

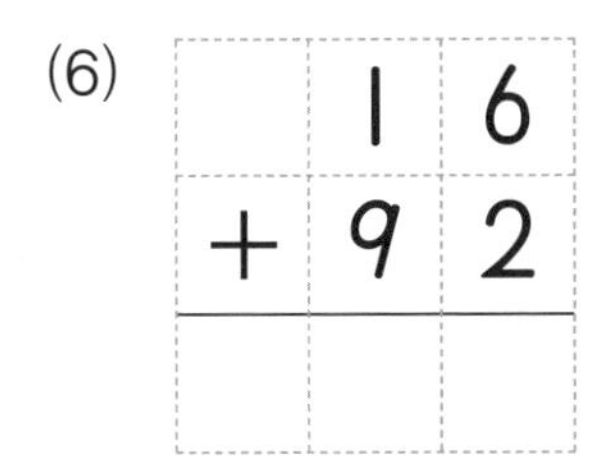

	1	6
+	9	2

(7)

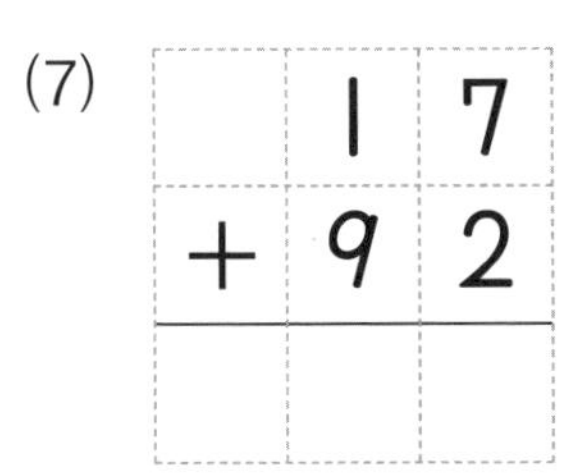

	1	7
+	9	2

(8)

	1	5
+	9	3

(9)

	1	3
+	9	2

(10)

	1	5
+	9	4

(11)

	1	1
+	9	0

(12)

	1	2
+	9	2

(13)

	1	0
+	9	7

(14)

	1	7
+	9	1

(15)

	1	3
+	9	3

(16)

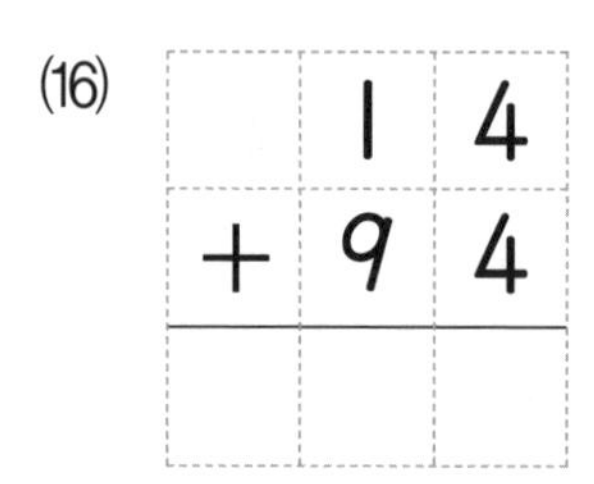

	1	4
+	9	4

● 덧셈을 하세요.

(1)

	2	0
+	8	0

(2)

	2	0
+	9	0

(3)

	2	0
+	8	7

(4)

	2	3
+	8	0

(5)

	2	5
+	9	2

(6)

	2	7
+	9	1

(7)

	2	1
+	9	1

(8)

	2	6
+	9	3

(9)

	2	1
+	8	4

(10)

	2	0
+	8	6

(11)

	2	2
+	8	2

(12)

	2	6
+	8	1

(13)

	2	4
+	9	0

(14)

	2	7
+	9	2

(15)

	2	3
+	9	3

(16)

	2	8
+	9	1

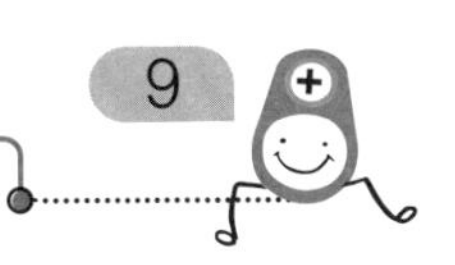

● 덧셈을 하세요.

(1)

	1	0
+	9	3

(2)

	1	1
+	9	0

(3)

	1	2
+	9	1

(4)

	1	3
+	9	2

(5)

	2	0
+	8	3

(6)

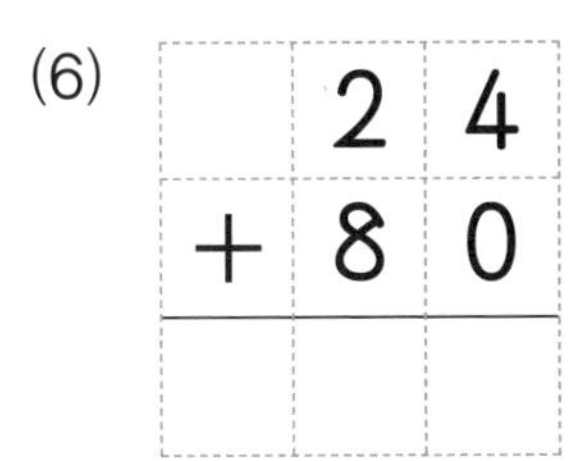

	2	4
+	8	0

(7)

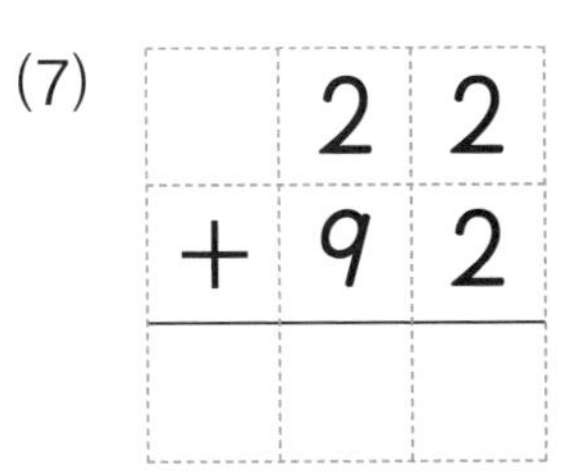

	2	2
+	9	2

(8)

	2	5
+	9	3

(9)

	1	0
+	9	2

(10)

	1	2
+	9	3

(11)

	2	3
+	8	3

(12)

	2	4
+	8	2

(13)

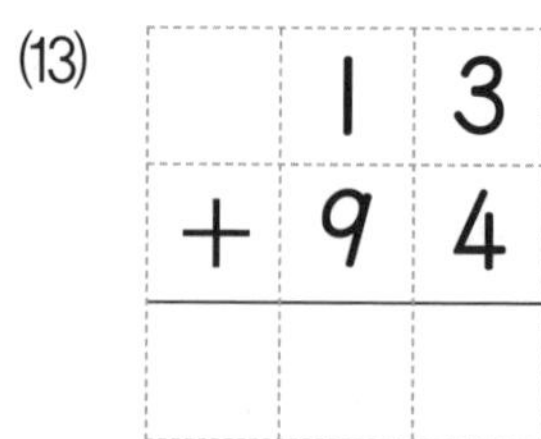

	1	3
+	9	4

(14)

	2	6
+	9	1

(15)

	1	5
+	9	2

(16)

	2	1
+	9	3

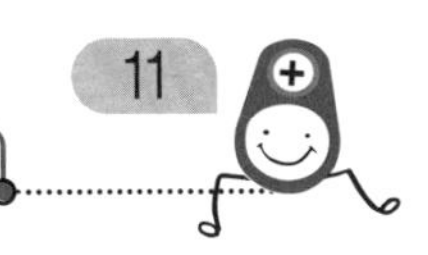

● 덧셈을 하세요.

(1)

	3	0
+	7	0

(2)

	3	0
+	8	0

(3)

	3	0
+	7	1

(4)

	3	2
+	8	0

(5)

	3	6
+	8	0

(6)

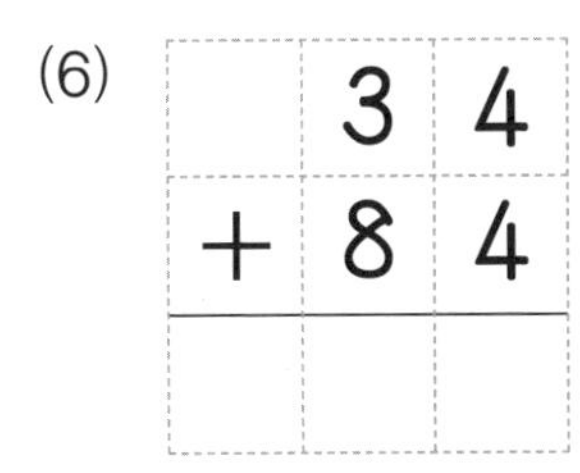

	3	4
+	8	4

(7)

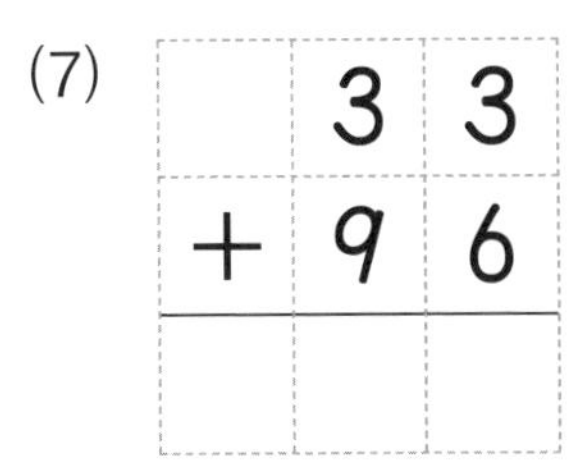

	3	3
+	9	6

(8)

	3	6
+	9	1

(9)

	3	0
+	8	2

(10)

	3	3
+	8	3

(11)

	3	1
+	8	4

(12)

	3	4
+	7	2

(13)

	3	6
+	9	1

(14)

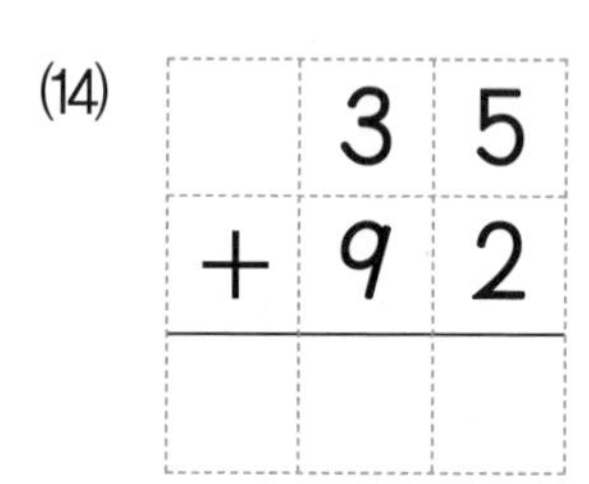

	3	5
+	9	2

(15)

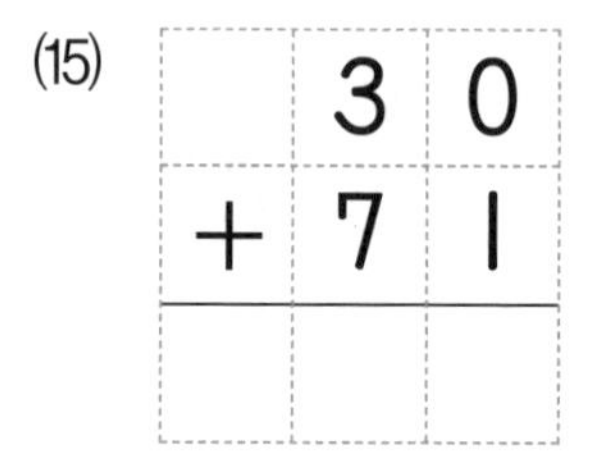

	3	0
+	7	1

(16)

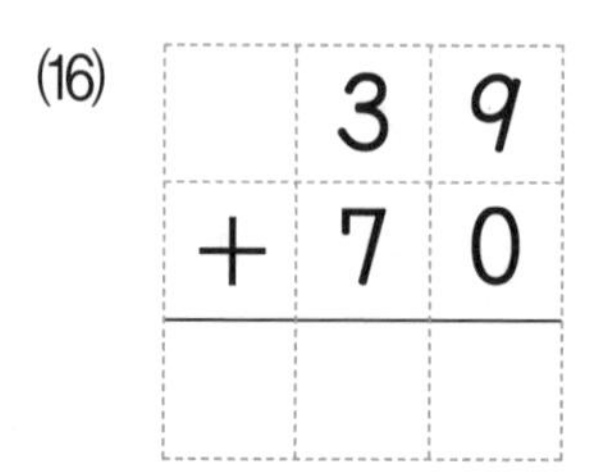

	3	9
+	7	0

● 덧셈을 하세요.

(1)

	4	0
+	6	0

(2)

	4	0
+	7	0

(3)

	4	3
+	6	0

(4)

	4	0
+	7	2

(5)

	4	0
+	7	6

(6)

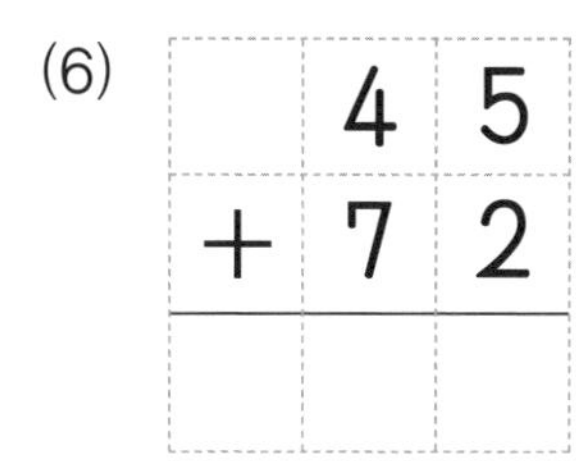

	4	5
+	7	2

(7)

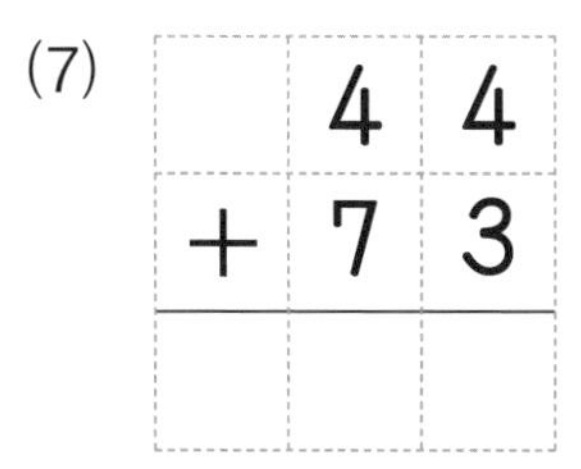

	4	4
+	7	3

(8)

	4	7
+	8	2

(9)

	4	4
+	7	0

(10)

	4	1
+	8	0

(11)

	4	1
+	9	3

(12)

	4	8
+	9	1

(13)

	4	0
+	8	4

(14)

	4	5
+	9	2

(15)

	4	7
+	8	0

(16)

	4	6
+	9	2

● 덧셈을 하세요.

(1)

	3	0
+	9	0

(2)

	3	0
+	7	2

(3)

	3	1
+	8	0

(4)

	3	2
+	8	2

(5)

	4	0
+	6	3

(6)

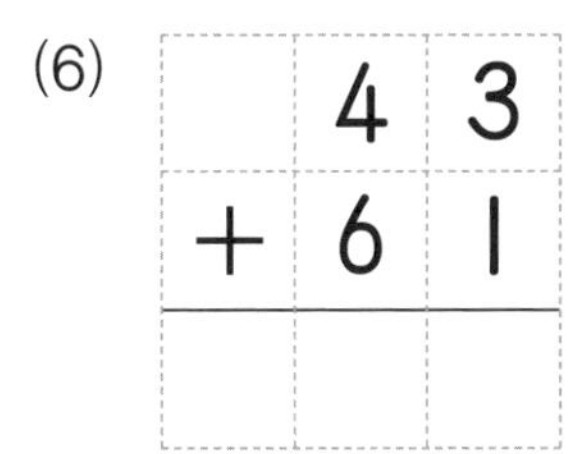

	4	3
+	6	1

(7)

	4	4
+	7	2

(8)

	4	2
+	7	5

(9)

	3	0
+	7	4

(10)

	3	3
+	8	0

(11)

	4	1
+	7	1

(12)

	4	2
+	6	3

(13)

	4	3
+	8	2

(14)

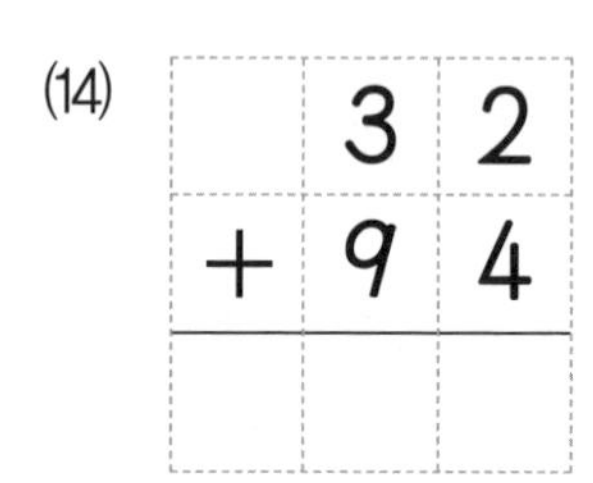

	3	2
+	9	4

(15)

	4	6
+	9	1

(16)

	3	5
+	9	2

● 덧셈을 하세요.

(1)

	4	0
+	9	0

(2)

	3	0
+	7	2

(3)

	2	3
+	8	0

(4)

	2	1
+	9	1

(5)

	1	2
+	9	2

(6)

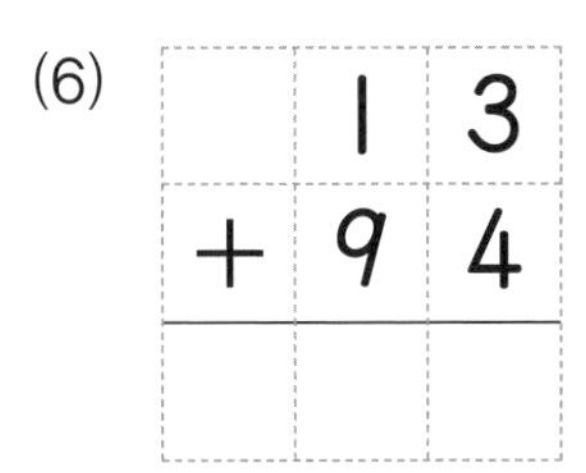

	1	3
+	9	4

(7)

	3	2
+	8	6

(8)

	4	3
+	6	5

(9)

	1	0
+	9	5

(13)

	2	4
+	9	1

(10)

	2	2
+	9	0

(14)

	3	3
+	9	2

(11)

	1	1
+	9	4

(15)

	4	2
+	8	6

(12)

	3	6
+	8	2

(16)

	4	7
+	7	1

● 덧셈을 하세요.

(1)

	5	0
+	6	0

(2)

	5	0
+	7	0

(3)

	5	2
+	5	0

(4)

	5	0
+	5	4

(5)

	5	3
+	7	3

(6)

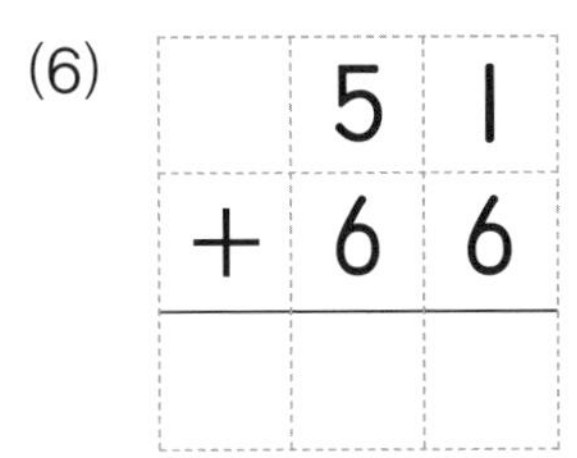

	5	1
+	6	6

(7)

	5	7
+	7	2

(8)

	5	8
+	7	0

(9)

	5	0
+	6	2

(10)

	5	5
+	7	3

(11)

	5	1
+	7	1

(12)

	5	2
+	9	0

(13)

	5	3
+	8	4

(14)

	5	2
+	9	2

(15)

	5	6
+	8	3

(16)

	5	7
+	9	2

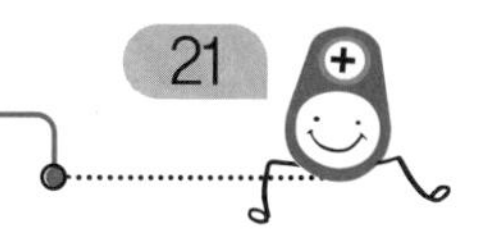

● 덧셈을 하세요.

(1)

	6	0
+	5	0

(2)

	6	0
+	6	0

(3)

	6	0
+	5	6

(4)

	6	3
+	5	3

(5)

	6	7
+	6	1

(6)

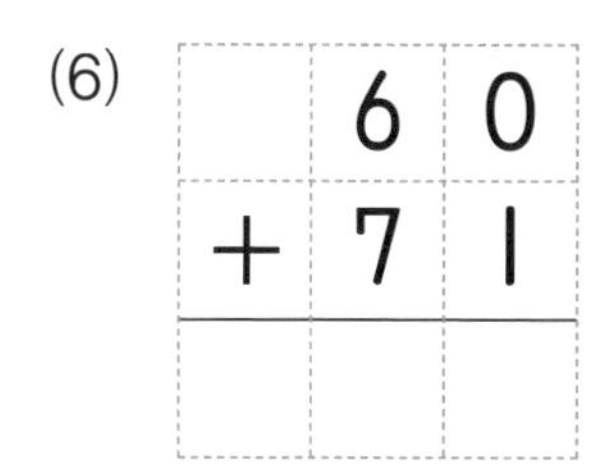

	6	0
+	7	1

(7)

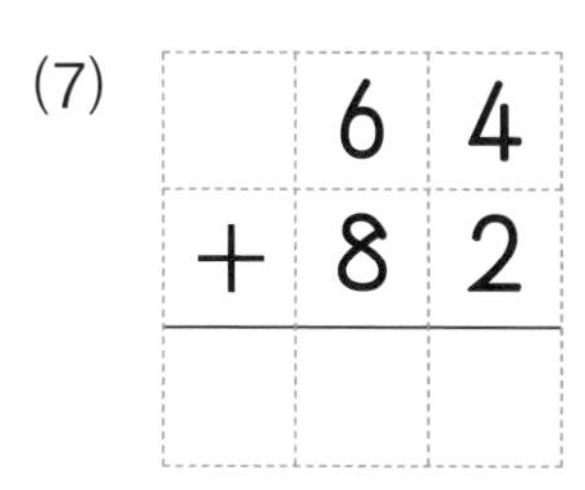

	6	4
+	8	2

(8)

	6	8
+	9	0

(9)

	7	0
+	4	0

(10)

	7	0
+	5	3

(11)

	7	4
+	7	4

(12)

	7	1
+	8	6

(13)

	8	7
+	3	0

(14)

	8	4
+	5	2

(15)

	8	2
+	8	5

(16)

	8	3
+	9	4

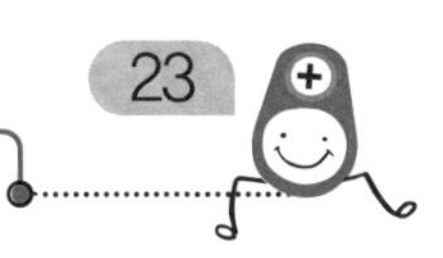

● 덧셈을 하세요.

(1)

	5	0
+	8	0

(2)

	5	0
+	5	3

(3)

	6	2
+	4	0

(4)

	6	1
+	6	3

(5)

	7	2
+	4	3

(6)

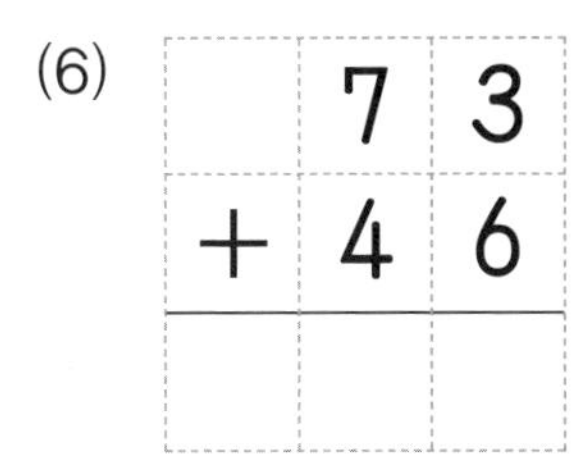

	7	3
+	4	6

(7)

	8	2
+	3	2

(8)

	8	4
+	5	3

(9)

	5	4
+	6	0

(10)

	6	0
+	7	5

(11)

	5	1
+	7	2

(12)

	7	2
+	7	7

(13)

	6	3
+	8	1

(14)

	8	3
+	6	2

(15)

	7	4
+	8	4

(16)

	8	5
+	9	3

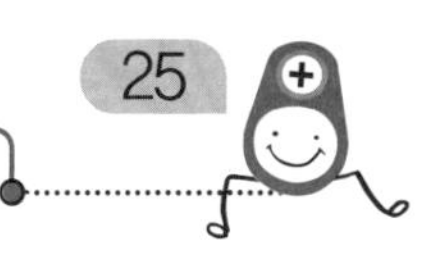

● 덧셈을 하세요.

(1)

	1	0
+	9	3

(2)

	1	4
+	9	4

(3)

	2	3
+	9	5

(4)

	2	1
+	8	7

(5)

	3	7
+	8	1

(6)

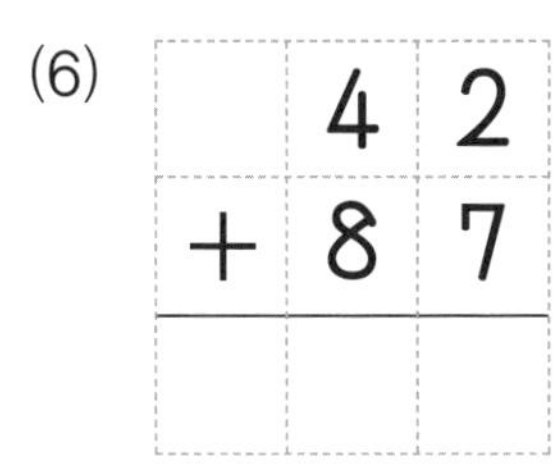

	4	2
+	8	7

(7)

	4	0
+	8	5

(8)

	3	6
+	9	0

(9)

	6	0
+	8	2

(10)

	5	3
+	8	3

(11)

	6	1
+	7	4

(12)

	5	8
+	9	0

(13)

	7	2
+	9	2

(14)

	7	5
+	9	4

(15)

	8	7
+	9	2

(16)

	8	6
+	9	1

● 덧셈을 하세요.

(1)

	1	4
+	9	2

(2)

	3	0
+	8	6

(3)

	4	5
+	8	3

(4)

	6	2
+	7	4

(5)

	2	1
+	8	1

(6)

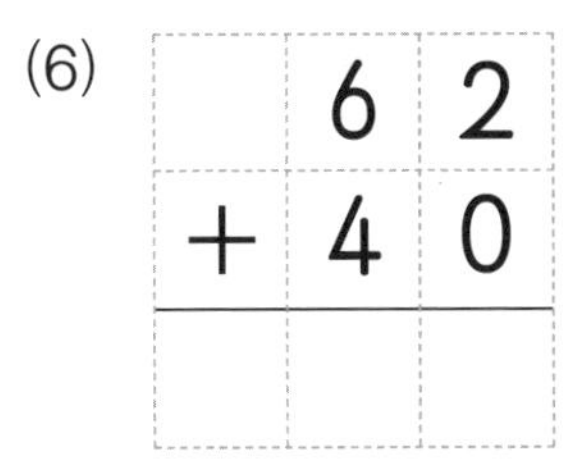

	6	2
+	4	0

(7)

	5	6
+	8	1

(8)

	7	8
+	5	0

(9)

	2	0
+	9	3

(10)

	3	0
+	8	4

(11)

	4	1
+	8	5

(12)

	7	3
+	7	3

(13)

	5	2
+	7	1

(14)

	9	7
+	4	0

(15)

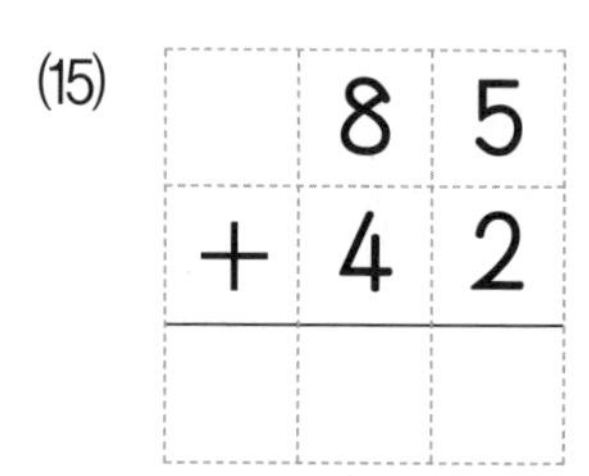

	8	5
+	4	2

(16)

	9	6
+	3	1

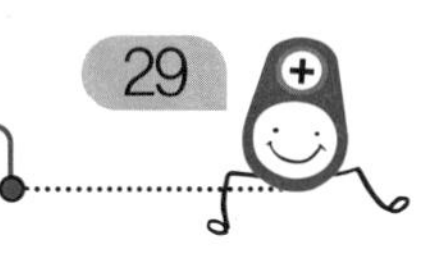

MD02 받아올림이 있는 (두 자리 수)+(두 자리 수) (2)

● 덧셈을 하세요.

(1)
$$\begin{array}{r} 4\,0 \\ +\ 9\,2 \\ \hline \end{array}$$

(2)
$$\begin{array}{r} 2\,3 \\ +\ 9\,6 \\ \hline \end{array}$$

(3)
$$\begin{array}{r} 3\,1 \\ +\ 8\,1 \\ \hline \end{array}$$

(4)
$$\begin{array}{r} 5\,3 \\ +\ 8\,2 \\ \hline \end{array}$$

(5)
$$\begin{array}{r} 1\,6 \\ +\ 9\,1 \\ \hline \end{array}$$

(6)
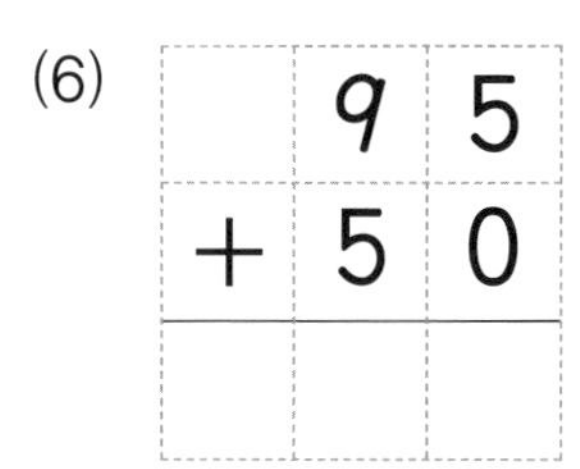
$$\begin{array}{r} 9\,5 \\ +\ 5\,0 \\ \hline \end{array}$$

(7)
$$\begin{array}{r} 8\,7 \\ +\ 6\,1 \\ \hline \end{array}$$

(8)
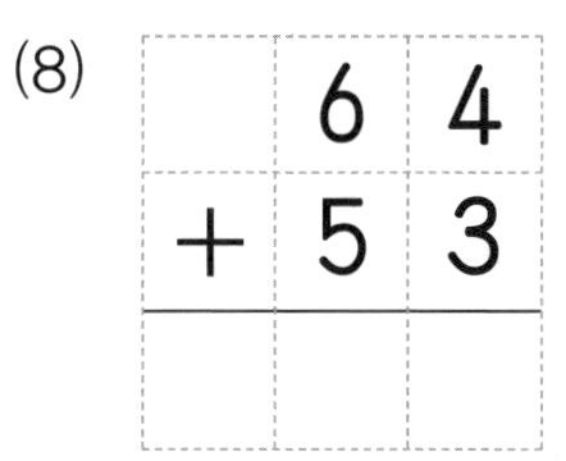
$$\begin{array}{r} 6\,4 \\ +\ 5\,3 \\ \hline \end{array}$$

(9)

	5	4
+	8	4

(10)

	7	1
+	4	5

(11)

	4	0
+	8	7

(12)

	3	9
+	9	0

(13)

	6	2
+	7	0

(14)

	9	5
+	6	3

(15)

	8	3
+	8	4

(16)

	7	6
+	9	3

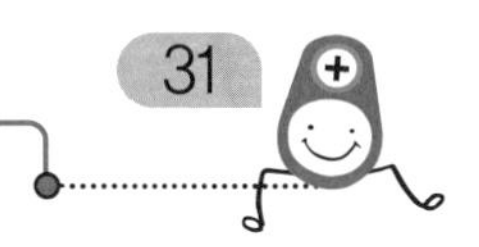

● |보기|와 같이 틀린 답을 바르게 고치세요.

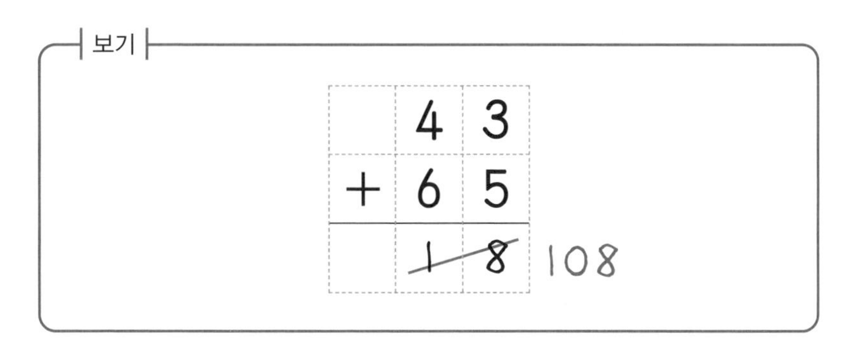

(1)

	3	0
+	8	2
	1	2

(2)

	1	2
+	9	5
	1	7

(3)

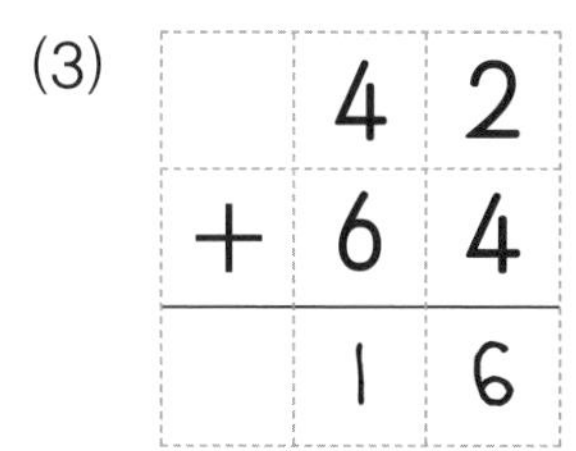

(4)

	6	7
+	5	1
	1	8

Talk 받아올림이 있는 두 자리 수끼리의 덧셈을 세로셈으로 계산할 때 받아올림한 수를 빠뜨리지 않도록 주의합니다.

(5)

	4	0
+	8	3
	2	3

(6)

	6	2
+	7	6
	3	8

(7)

	3	1
+	9	1
	2	2

(8)

	1	3
+	9	3
	1	6

(9)

	7	1
+	5	4
	2	5

(10)

	5	0
+	6	8
	1	8

(11)

	2	3
+	8	6
	1	9

(12)

	8	4
+	4	5
	2	9

● 덧셈을 하세요.

(1)

	1	0
+	4	0

(4)

	1	0
+	□	□
	5	0

(2)

	2	4
+	5	2

(5)

	2	4
+	□	□
	7	6

(3)

	4	0
+	4	6

(6)

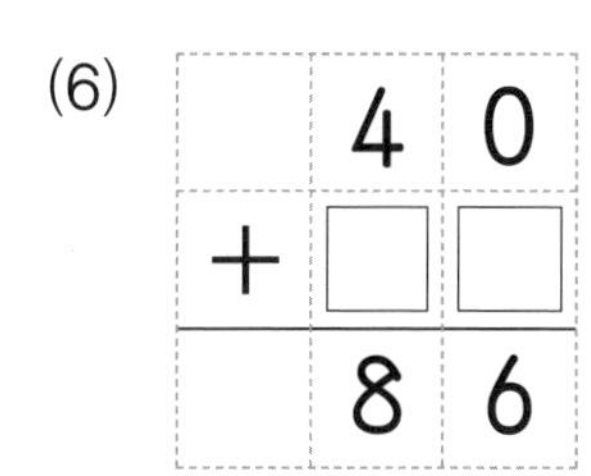

	4	0
+	□	□
	8	6

(7)

	3	4
+	5	4

(8)

	6	2
+	2	7

(9)

	5	6
+	4	2

(10)

	7	0
+	1	5

(11)

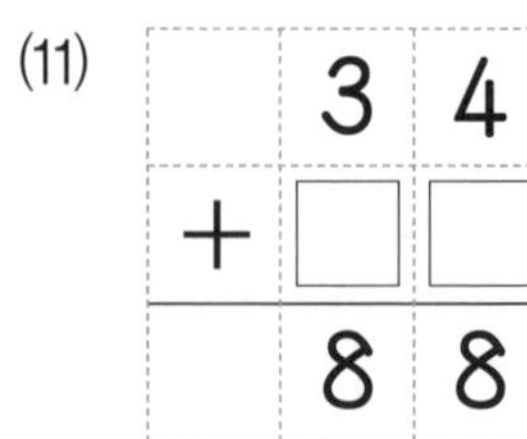

	3	4
+	□	□
	8	8

(12)

	6	2
+	□	□
	8	9

(13)

	5	6
+	□	□
	9	8

(14)

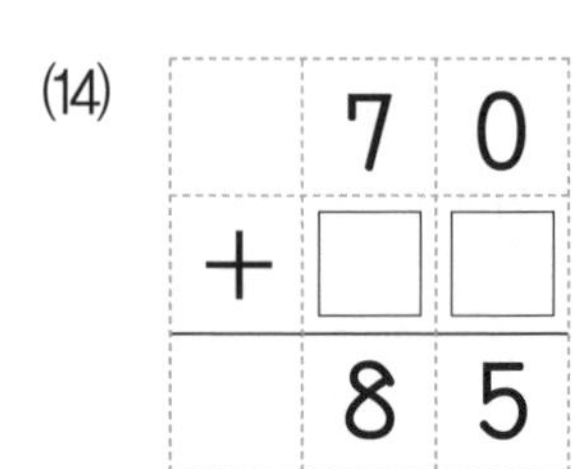

	7	0
+	□	□
	8	5

● 덧셈을 하세요.

(1)

	1	4
+	9	3

(2)

	3	3
+	8	2

(3)

	2	0
+	9	4

(4)

	3	3
+	8	□
1	1	5

(5)

	2	0
+	□	4
1	1	4

(6)

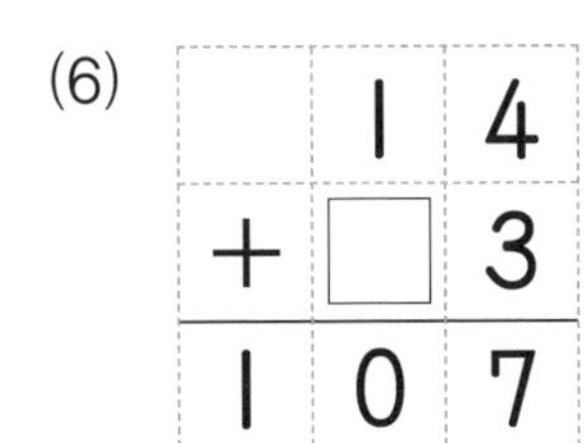

	1	4
+	□	3
1	0	7

(7)

	4	0
+	6	8

(8)

	6	1
+	5	0

(9)

	8	2
+	3	5

(10)

	7	6
+	6	3

(11)

	8	2
+	3	□
1	1	7

(12)

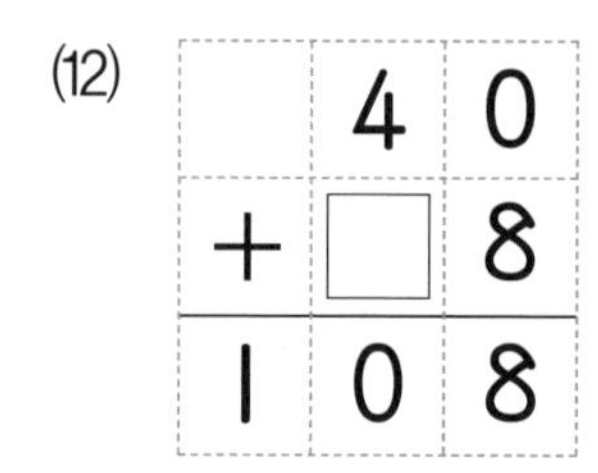

	4	0
+	□	8
1	0	8

(13)

	6	1
+	□	0
1	1	1

(14)

	4	3
+	□	4
1	2	7

● 덧셈을 하세요.

(1)

	1	1
+	9	4

(4)

	2	3
+	□	5
1	1	8

(2)

	2	3
+	9	5

(5)

	5	5
+	□	2
1	1	7

(3)

	4	3
+	6	□
1	0	6

(6)

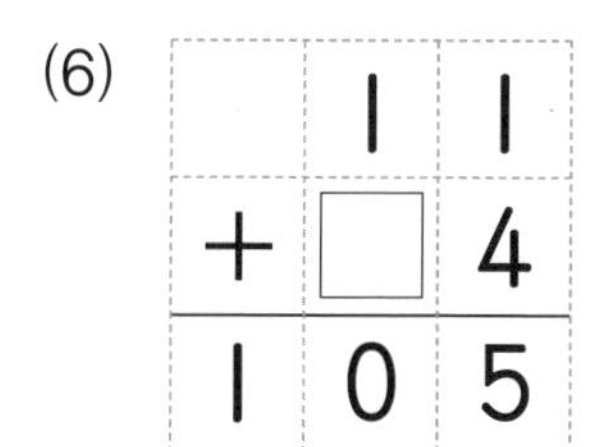

	1	1
+	□	4
1	0	5

(7)

	6	0
+	7	2

(8)

	7	3
+	3	6

(9)

	5	2
+	7	□
1	2	8

(10)

	9	5
+	□	0
1	4	5

(11)

	7	3
+	□	6
1	0	9

(12)

	4	5
+	□	3
1	0	8

(13)

	6	0
+	□	2
1	3	2

(14)

	2	7
+	□	0
1	1	7

● 덧셈을 하세요.

(1)

	2	8
+	9	0

(4)

	4	3
+	□	6
1	2	9

(2)

	3	5
+	8	2

(5)

	2	8
+	□	0
1	1	8

(3)

	1	4
+	9	□
1	0	6

(6)

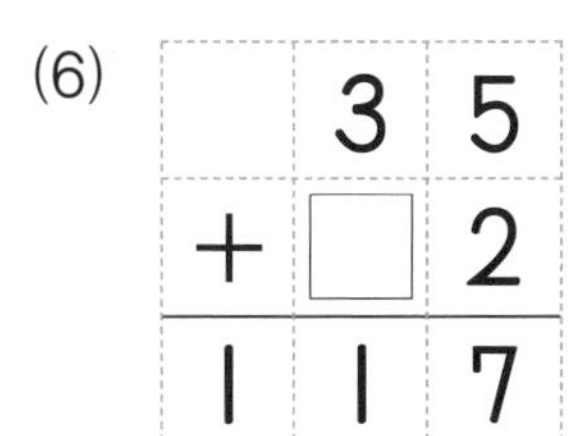

	3	5
+	□	2
1	1	7

(7)

	5	3
+	6	0

(8)

	7	4
+	8	3

(9)

	9	1
+	5	□
1	4	2

(10)

	8	5
+	□	4
1	3	9

(11)

	6	2
+	□	6
1	3	8

(12)

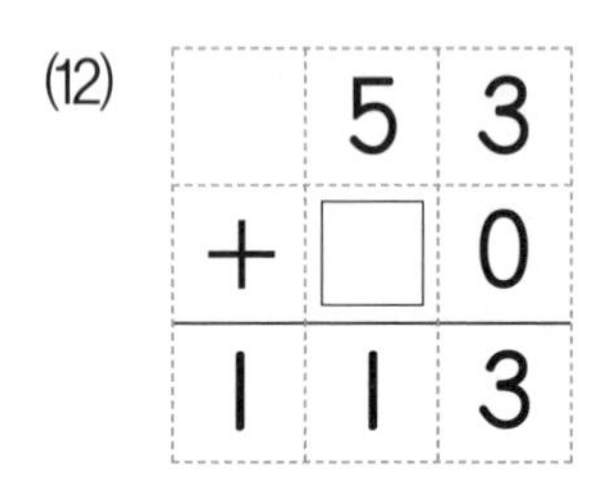

	5	3
+	□	0
1	1	3

(13)

	4	6
+	□	2
1	2	8

(14)

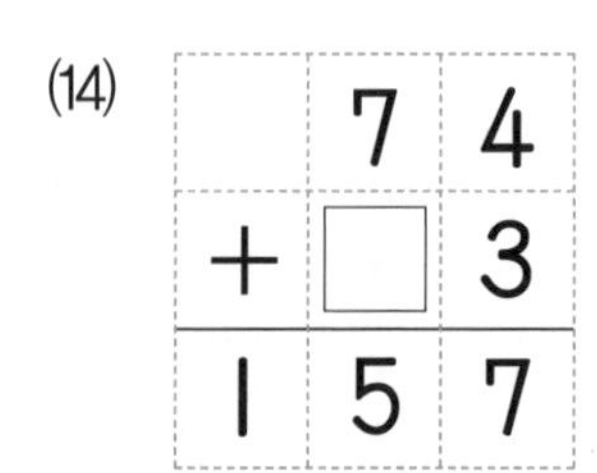

	7	4
+	□	3
1	5	7

받아올림이 있는 (두 자리 수)+(두 자리 수) (3)

요일	교재 번호	학습한 날짜	확인
1일차(월)	01~08	월 일	
2일차(화)	09~16	월 일	
3일차(수)	17~24	월 일	
4일차(목)	25~32	월 일	
5일차(금)	33~40	월 일	

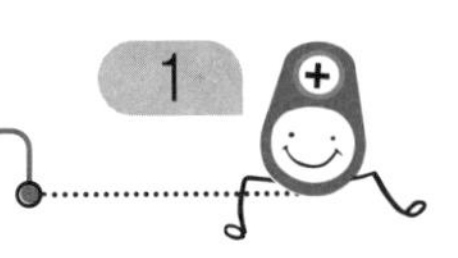

● 덧셈을 하세요.

(1)

	1	9
+	1	1

(2)

	1	5
+	1	5

(3)

	1	8
+	2	2

(4)

	1	6
+	3	5

(5)

	2	4
+	2	7

(6)

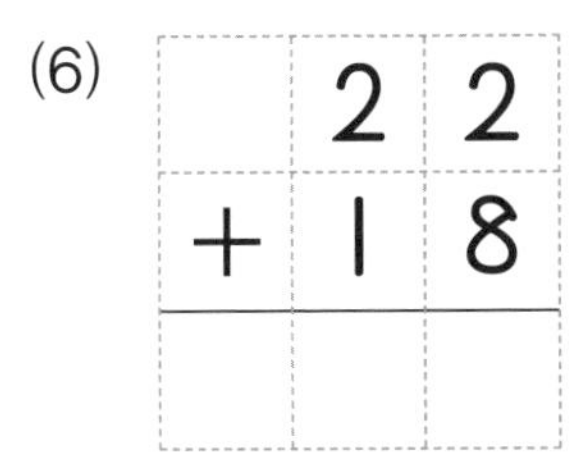

	2	2
+	1	8

(7)

	2	7
+	4	4

(8)

	2	7
+	3	8

(9)

	1	2
+	9	3

(10)

	1	4
+	9	5

(11)

	1	3
+	9	4

(12)

	1	6
+	9	2

(13)

	2	1
+	8	2

(14)

	2	5
+	8	0

(15)

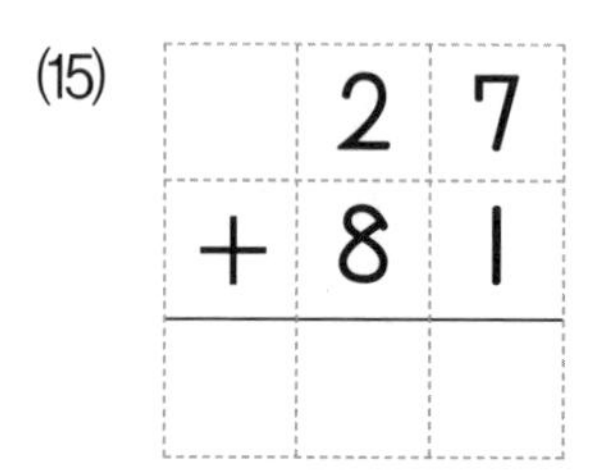

	2	7
+	8	1

(16)

	2	0
+	9	3

● 덧셈을 하세요.

(1)

	1	9
+	8	1
1	0	0

(5)

	1	4
+	8	6

(2)

	1	5
+	8	5
1	0	0

(6)

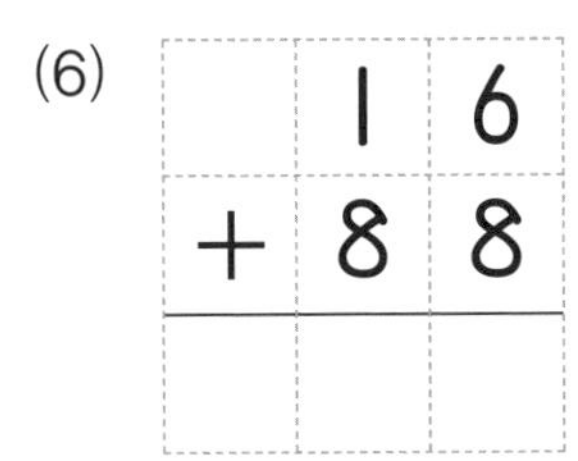

(3)

	1	8
+	8	2

(7)

	1	7
+	8	4

(4)

	1	6
+	8	5

(8)

	1	7
+	8	8

(9)

	1	2
+	9	9

(13)

	1	8
+	9	3

(10)

	1	5
+	9	7

(14)

	1	6
+	9	8

(11)

	1	7
+	9	6

(15)

	1	9
+	9	5

(12)

	1	6
+	9	9

(16)

	1	7
+	9	3

● 덧셈을 하세요.

(1)

	1	6
+	8	4

(5)

	1	4
+	9	7

(2)

	1	3
+	8	7

(6)

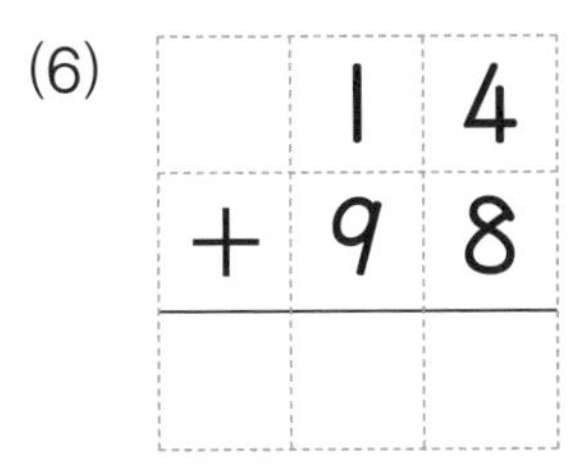

	1	4
+	9	8

(3)

	1	9
+	8	4

(7)

	1	7
+	9	5

(4)

	1	6
+	8	6

(8)

	1	7
+	9	7

(9)

	1	3
+	8	8

(10)

	1	4
+	8	9

(11)

	1	8
+	8	4

(12)

	1	2
+	8	8

(13)

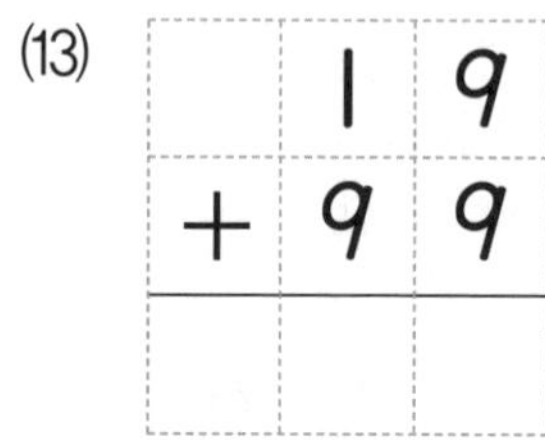

	1	9
+	9	9

(14)

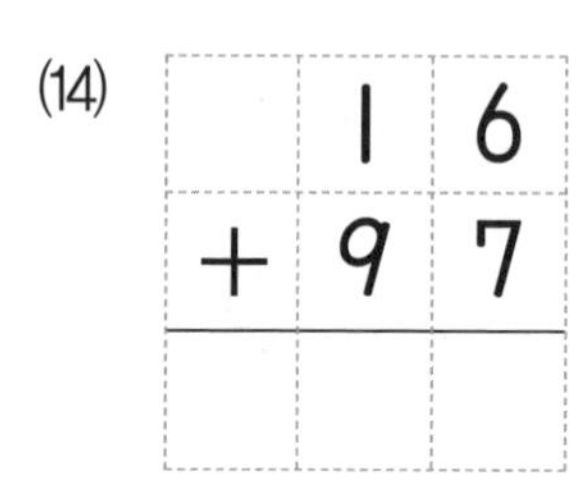

	1	6
+	9	7

(15)

	1	8
+	9	5

(16)

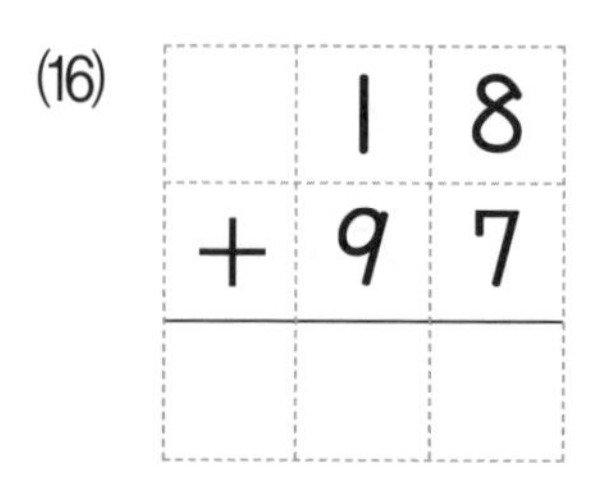

	1	8
+	9	7

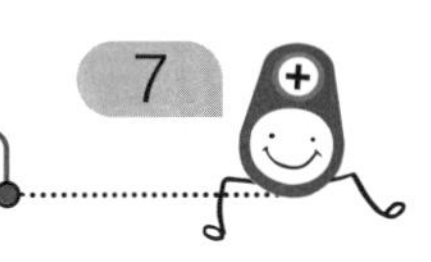

● 덧셈을 하세요.

(1)

	2	9
+	7	1

(2)

	2	5
+	7	5

(3)

	2	9
+	7	7

(4)

	2	6
+	7	4

(5)

	2	4
+	7	6

(6)

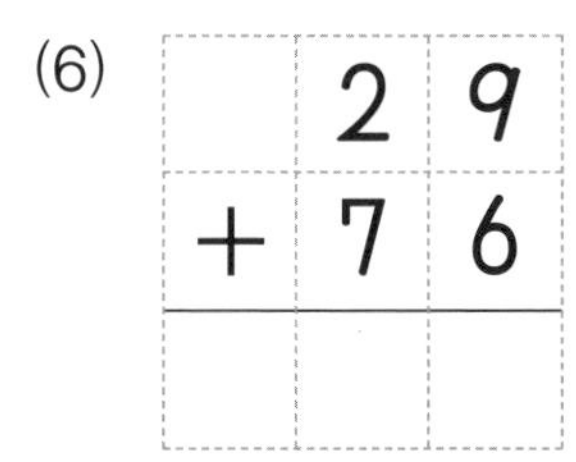

	2	9
+	7	6

(7)

	2	7
+	8	4

(8)

	2	9
+	8	4

(9)

	2	3
+	8	9

(10)

	2	5
+	8	8

(11)

	2	7
+	8	5

(12)

	2	8
+	9	8

(13)

	2	7
+	9	9

(14)

	2	5
+	9	9

(15)

	2	8
+	9	6

(16)

	2	9
+	9	8

● 덧셈을 하세요.

(1)

	1	7
+	8	3

(2)

	1	3
+	8	9

(3)

	1	7
+	8	9

(4)

	1	5
+	8	6

(5)

	1	5
+	9	5

(6)

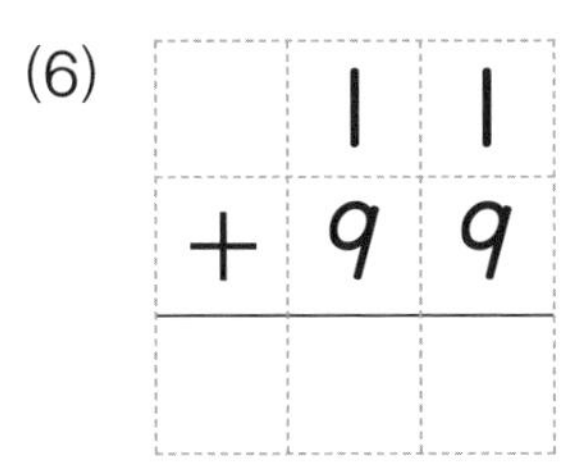

	1	1
+	9	9

(7)

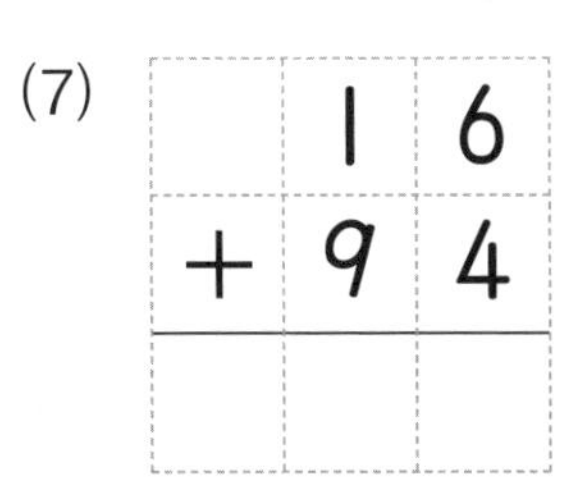

	1	6
+	9	4

(8)

	1	4
+	9	9

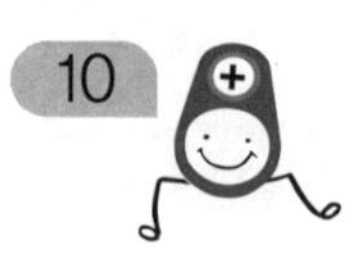

(9)

	2	9
+	7	3

(10)

	2	8
+	7	5

(11)

	2	6
+	7	4

(12)

	2	6
+	8	6

(13)

	2	8
+	8	2

(14)

	2	6
+	8	7

(15)

	2	4
+	9	8

(16)

	2	7
+	9	3

● 덧셈을 하세요.

(1)

	2	9
+	7	1

(5)

	2	4
+	8	6

(2)

	2	5
+	7	6

(6)

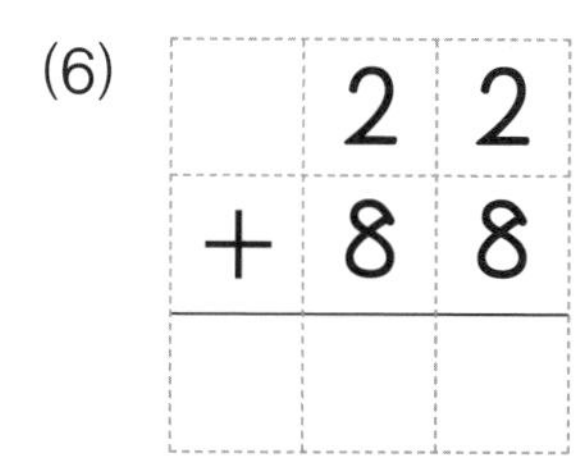

	2	2
+	8	8

(3)

	2	8
+	7	4

(7)

	2	7
+	9	6

(4)

	2	6
+	8	5

(8)

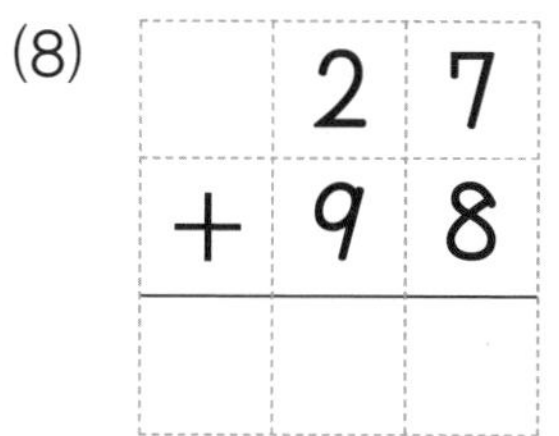

	2	7
+	9	8

(9)

	2	2
+	7	9

(13)

	2	9
+	8	3

(10)

	2	5
+	7	8

(14)

	2	8
+	9	7

(11)

	2	7
+	8	7

(15)

	2	9
+	9	5

(12)

	2	8
+	8	9

(16)

	2	6
+	9	9

● 덧셈을 하세요.

(1)

	1	1
+	8	9

(2)

	1	4
+	9	6

(3)

	2	8
+	7	6

(4)

	2	9
+	7	4

(5)

	1	5
+	8	7

(6)

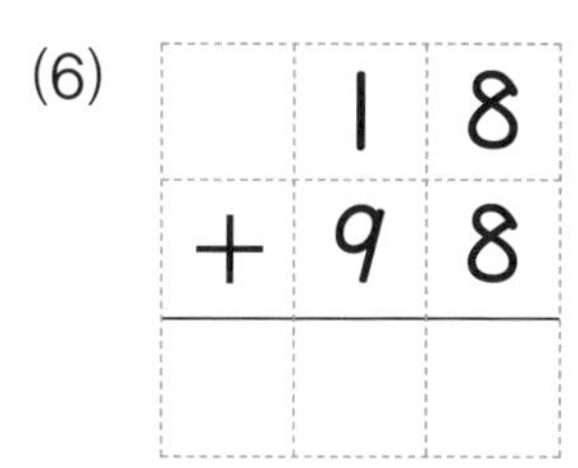

(7)

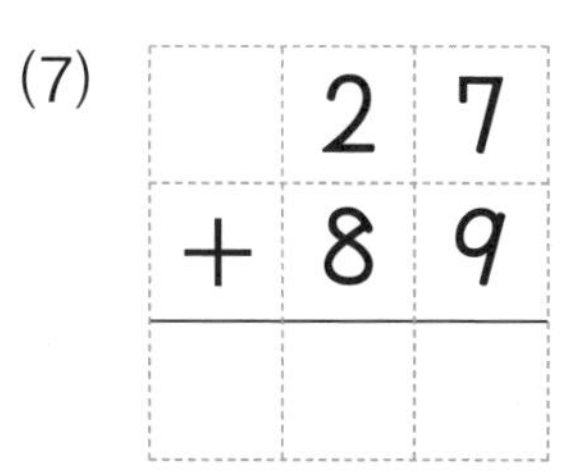

(8)

	2	9
+	9	2

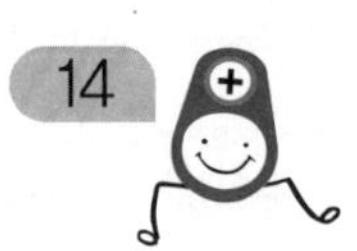

(9)

	1	7
+	9	8

(10)

	1	5
+	8	9

(11)

	2	9
+	7	5

(12)

	2	6
+	8	4

(13)

	1	9
+	8	9

(14)

	1	6
+	9	6

(15)

	2	8
+	8	5

(16)

	2	9
+	9	7

● 덧셈을 하세요.

(1)

	1	3
+	8	7

(2)

	2	5
+	8	5

(3)

	1	9
+	9	7

(4)

	2	6
+	7	7

(5)

	2	4
+	8	8

(6)

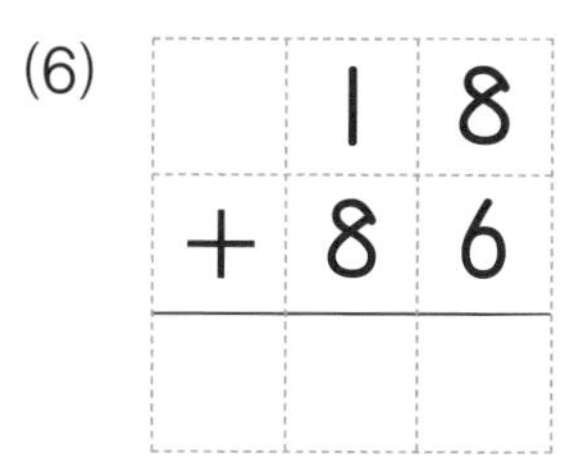

(7)

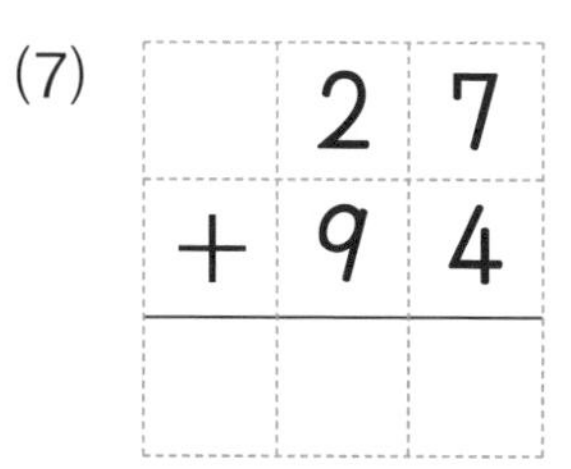

(8)

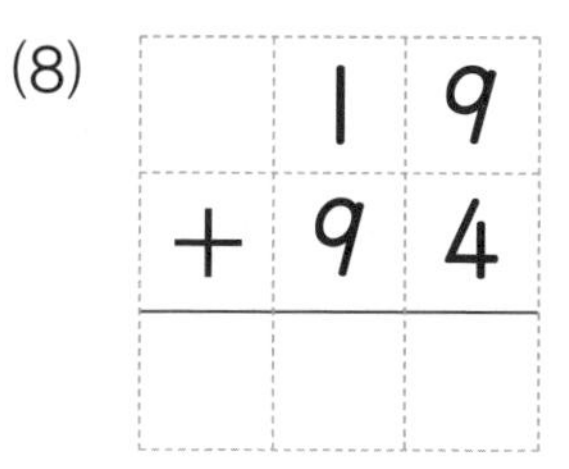

(9)

	2	3
+	7	9

(10)

	1	5
+	8	8

(11)

	2	7
+	8	6

(12)

	1	8
+	9	9

(13)

	1	7
+	8	7

(14)

	2	5
+	8	9

(15)

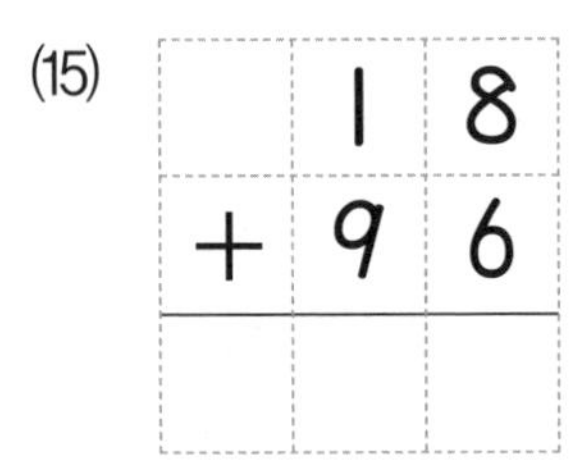

	1	8
+	9	6

(16)

	2	9
+	9	9

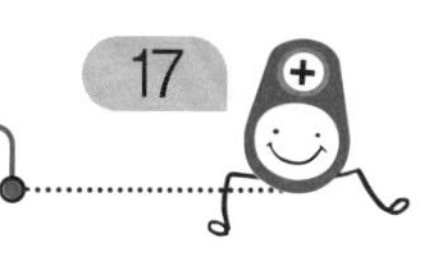

● 덧셈을 하세요.

(1)

	2	8
+	7	3

(2)

	2	4
+	7	9

(3)

	2	7
+	7	4

(4)

	2	5
+	8	6

(5)

	2	5
+	8	5

(6)

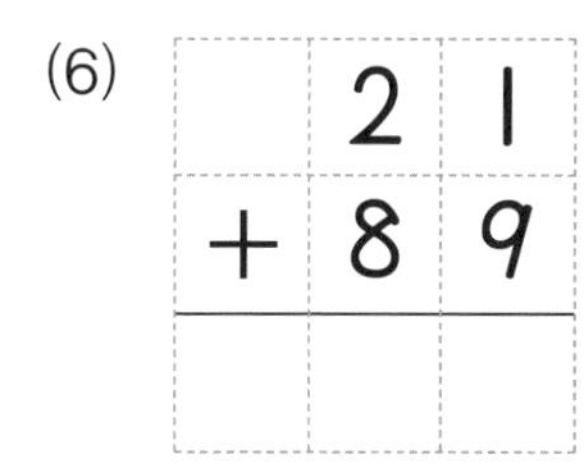

(7)

	2	6
+	9	5

(8)

	2	3
+	9	9

(9)

	1	9
+	8	3

(10)

	1	8
+	8	6

(11)

	1	6
+	9	5

(12)

	1	5
+	9	6

(13)

	2	8
+	7	8

(14)

	2	9
+	8	5

(15)

	2	8
+	9	9

(16)

	2	5
+	9	6

● 덧셈을 하세요.

(1)

	3	9
+	6	1

(2)

	3	5
+	6	7

(3)

	3	8
+	6	4

(4)

	3	6
+	6	5

(5)

	3	4
+	7	6

(6)

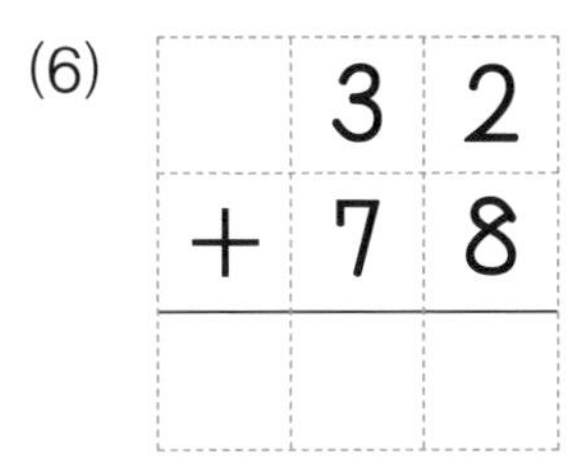

(7)

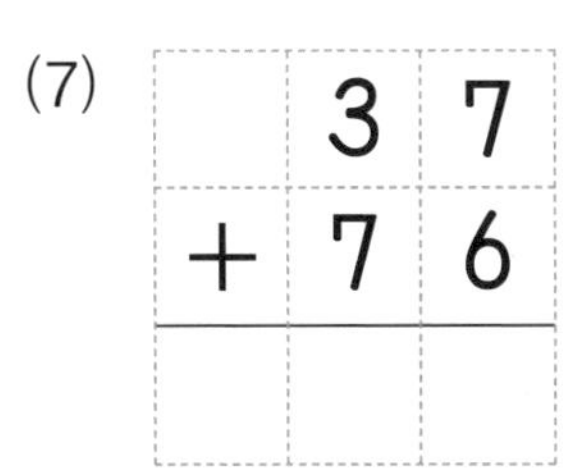

(8)

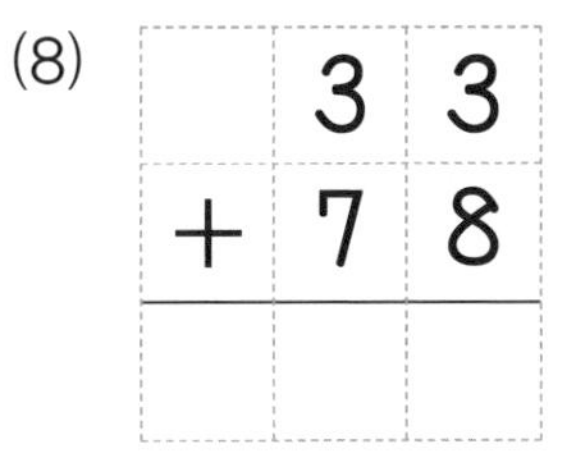

(9)

	3	2
+	8	9

(10)

	3	5
+	8	8

(11)

	3	7
+	8	7

(12)

	3	8
+	8	9

(13)

	3	9
+	9	4

(14)

	3	8
+	9	8

(15)

	3	9
+	9	5

(16)

	3	7
+	9	9

MD03 받아올림이 있는 (두 자리 수)+(두 자리 수) (3)

● 덧셈을 하세요.

(1)

	3	3
+	6	7

(2)

	3	4
+	6	6

(3)

	3	8
+	7	6

(4)

	3	9
+	7	6

(5)

	3	5
+	8	7

(6)

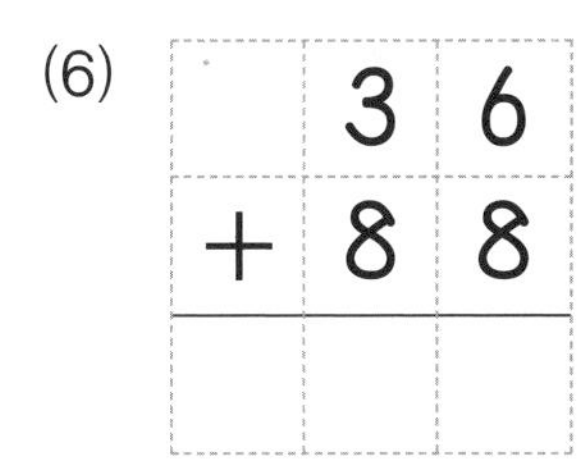

	3	6
+	8	8

(7)

	3	7
+	9	8

(8)

	3	9
+	9	2

(9)

	3	7
+	6	8

(10)

	3	5
+	7	9

(11)

	3	9
+	8	2

(12)

	3	6
+	9	4

(13)

	3	9
+	6	9

(14)

	3	6
+	7	7

(15)

	3	8
+	8	5

(16)

	3	9
+	9	7

● 덧셈을 하세요.

(1)

	4	8
+	5	2

(2)

	4	5
+	5	7

(3)

	4	9
+	5	7

(4)

	4	6
+	6	5

(5)

	4	4
+	6	6

(6)

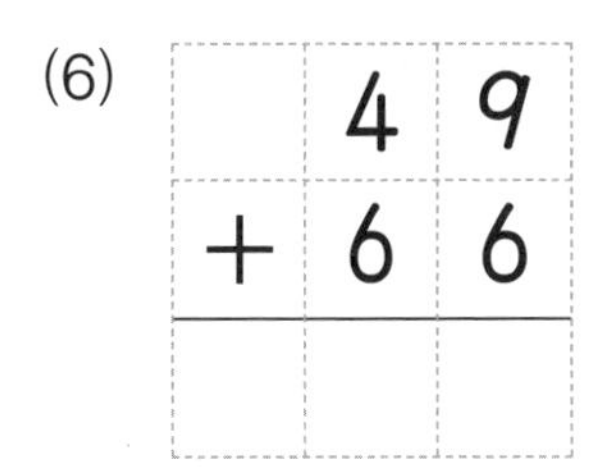

	4	9
+	6	6

(7)

	4	7
+	7	4

(8)

	4	9
+	7	4

(9)

	4	3
+	7	9

(10)

	4	5
+	8	8

(11)

	4	7
+	8	5

(12)

	4	8
+	8	8

(13)

	4	7
+	9	9

(14)

	4	5
+	9	9

(15)

	4	8
+	9	6

(16)

	4	9
+	9	8

● 덧셈을 하세요.

(1) $34 + 69 =$

(2) $38 + 63 =$

(3) $36 + 75 =$

(4) $36 + 79 =$

(5) $31 + 89 =$

(6) $35 + 85 =$

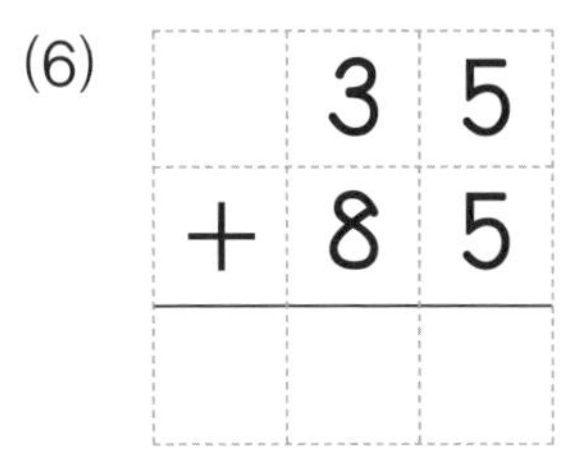

(7) $37 + 94 =$

(8) $35 + 96 =$

(9)

	4	9
+	5	3

(10)

	4	8
+	5	5

(11)

	4	6
+	6	4

(12)

	4	6
+	6	6

(13)

	4	8
+	7	8

(14)

	4	9
+	7	5

(15)

	4	8
+	8	9

(16)

	4	5
+	9	6

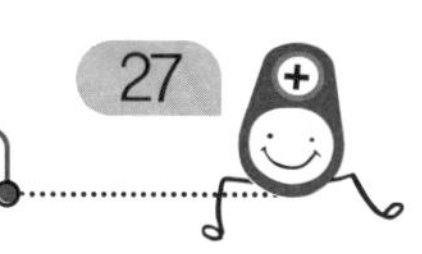

● 덧셈을 하세요.

(1)

	4	9
+	5	1

(2)

	4	5
+	5	8

(3)

	4	8
+	6	4

(4)

	4	6
+	6	7

(5)

	4	4
+	7	6

(6)

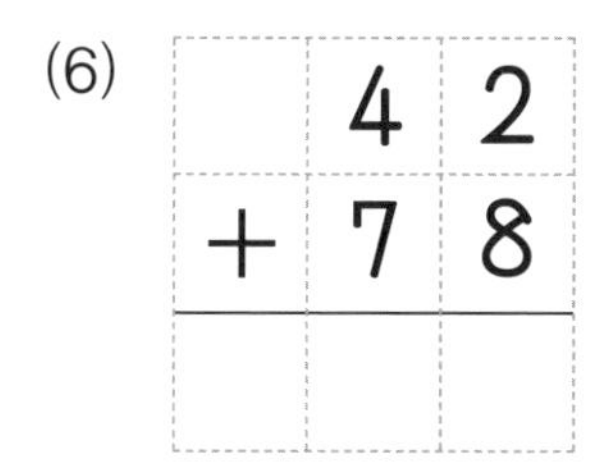

	4	2
+	7	8

(7)

	4	7
+	8	6

(8)

	4	7
+	9	8

(9)

	4	2
+	5	9

(10)

	4	5
+	6	8

(11)

	4	7
+	7	7

(12)

	4	8
+	7	9

(13)

	4	9
+	8	4

(14)

	4	8
+	8	7

(15)

	4	9
+	9	5

(16)

	4	7
+	9	9

MD03 받아올림이 있는 (두 자리 수)+(두 자리 수) (3)

● 덧셈을 하세요.

(1)

	3	5
+	6	5

(2)

	3	4
+	7	7

(3)

	4	8
+	5	6

(4)

	4	9
+	6	7

(5)

	3	3
+	8	9

(6)

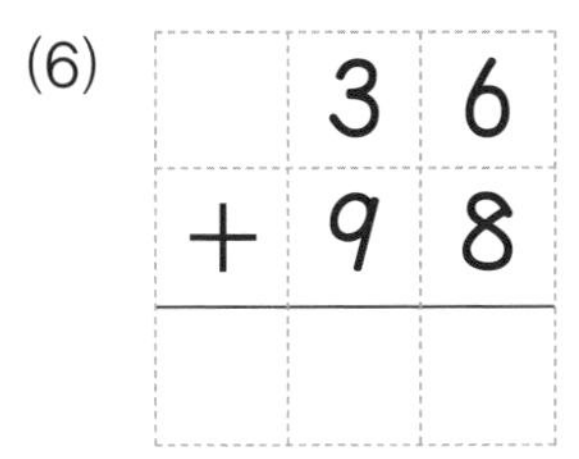

	3	6
+	9	8

(7)

	4	7
+	6	5

(8)

	4	9
+	8	2

(9)

	3	6
+	6	7

(10)

	3	5
+	7	8

(11)

	4	8
+	5	7

(12)

	4	9
+	6	8

(13)

	3	9
+	8	9

(14)

	3	7
+	9	7

(15)

	4	8
+	8	2

(16)

	4	6
+	9	4

● 덧셈을 하세요.

(1)

	3	9
+	6	2

(2)

	4	6
+	5	4

(3)

	3	8
+	8	7

(4)

	4	6
+	6	8

(5)

	4	4
+	7	7

(6)

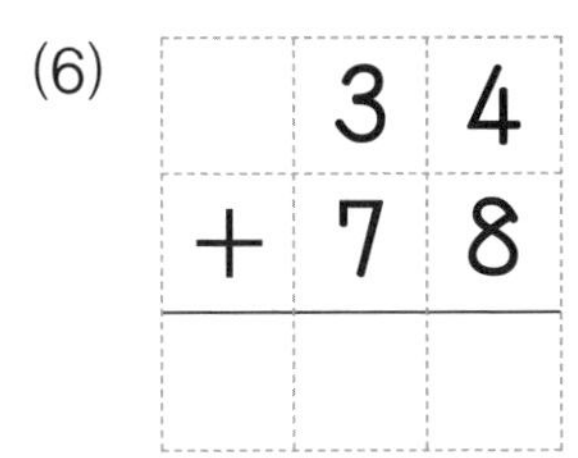

	3	4
+	7	8

(7)

	4	7
+	8	4

(8)

	3	9
+	9	6

(9)

	4	3
+	6	9

(10)

	3	5
+	7	7

(11)

	4	7
+	7	5

(12)

	3	8
+	9	9

(13)

	3	7
+	6	9

(14)

	4	5
+	8	9

(15)

	3	8
+	8	6

(16)

	4	9
+	9	9

● 덧셈을 하세요.

(1)

	4	5
+	5	5

(2)

	4	8
+	5	3

(3)

	4	7
+	6	4

(4)

	4	6
+	6	9

(5)

	4	1
+	7	9

(6)

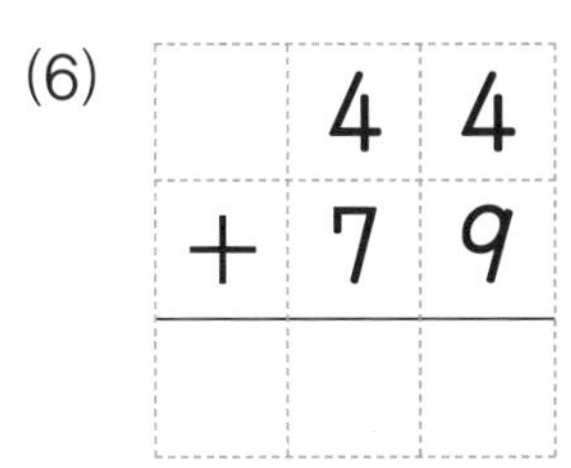

(7)

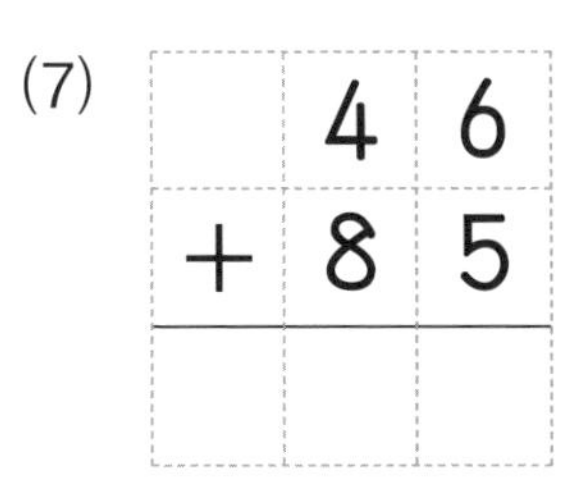

(8)

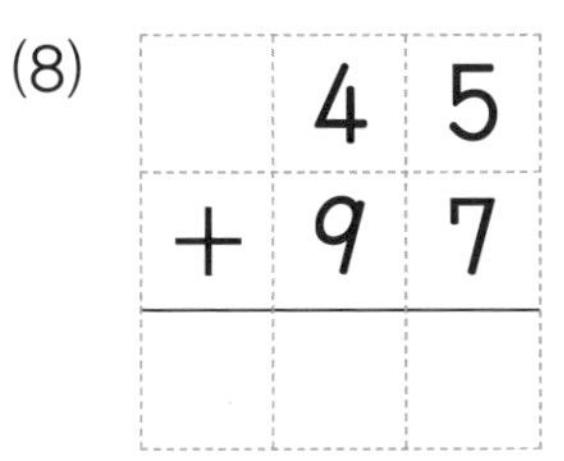

(9)
$$\begin{array}{r} 3\ 9 \\ +\ 6\ 5 \\ \hline \end{array}$$

(10)
$$\begin{array}{r} 3\ 8 \\ +\ 7\ 5 \\ \hline \end{array}$$

(11)
$$\begin{array}{r} 3\ 5 \\ +\ 8\ 6 \\ \hline \end{array}$$

(12)
$$\begin{array}{r} 3\ 6 \\ +\ 9\ 6 \\ \hline \end{array}$$

(13)
$$\begin{array}{r} 4\ 8 \\ +\ 5\ 8 \\ \hline \end{array}$$

(14)
$$\begin{array}{r} 4\ 9 \\ +\ 6\ 3 \\ \hline \end{array}$$

(15)
$$\begin{array}{r} 4\ 8 \\ +\ 8\ 6 \\ \hline \end{array}$$

(16)
$$\begin{array}{r} 4\ 6 \\ +\ 9\ 5 \\ \hline \end{array}$$

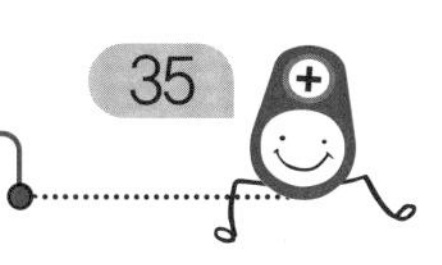

● 덧셈을 하세요.

(1)

	1	9
+	8	5

(2)

	2	5
+	7	9

(3)

	3	8
+	7	4

(4)

	4	6
+	5	5

(5)

	4	4
+	6	6

(6)

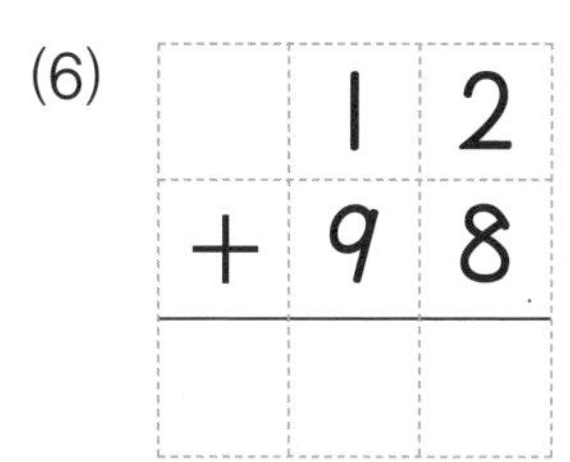

	1	2
+	9	8

(7)

	2	7
+	8	8

(8)

	3	7
+	6	8

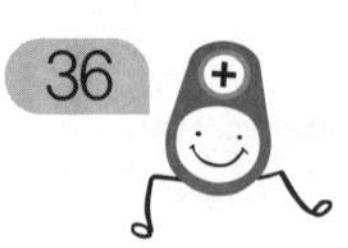

(9)

	3	7
+	8	9

(10)

	4	5
+	7	8

(11)

	1	7
+	8	6

(12)

	2	8
+	9	5

(13)

	2	9
+	7	8

(14)

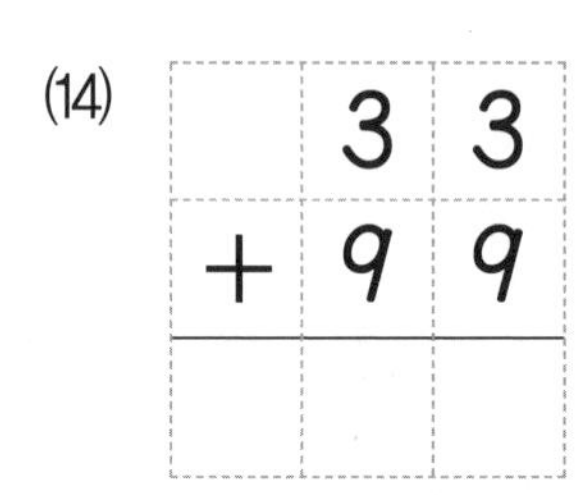

	3	3
+	9	9

(15)

	4	9
+	8	5

(16)

	1	8
+	9	4

● 덧셈을 하세요.

(1)

	2	6
+	8	8

(2)

	3	2
+	7	8

(3)

	4	9
+	6	2

(4)

	1	9
+	9	6

(5)

	2	3
+	7	8

(6)

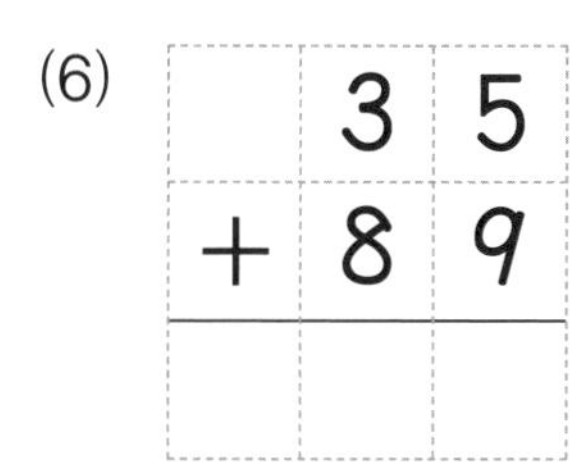

	3	5
+	8	9

(7)

	4	7
+	9	6

(8)

	1	8
+	8	7

(9) $\begin{array}{r} 26 \\ +\ 76 \\ \hline \end{array}$

(10) $\begin{array}{r} 34 \\ +\ 89 \\ \hline \end{array}$

(11) $\begin{array}{r} 49 \\ +\ 97 \\ \hline \end{array}$

(12) $\begin{array}{r} 18 \\ +\ 88 \\ \hline \end{array}$

(13) $\begin{array}{r} 39 \\ +\ 68 \\ \hline \end{array}$

(14) $\begin{array}{r} 37 \\ +\ 78 \\ \hline \end{array}$

(15)

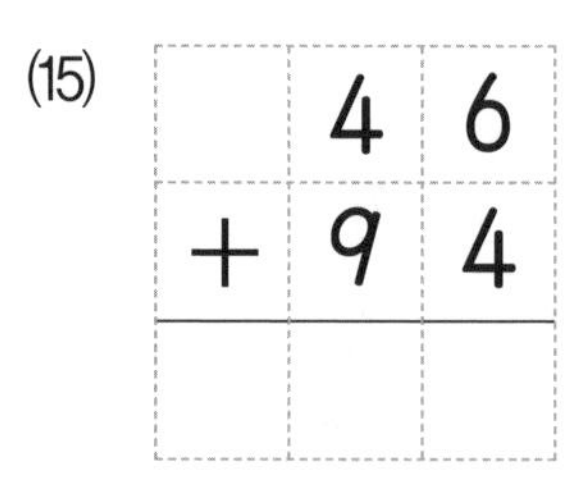

(16)

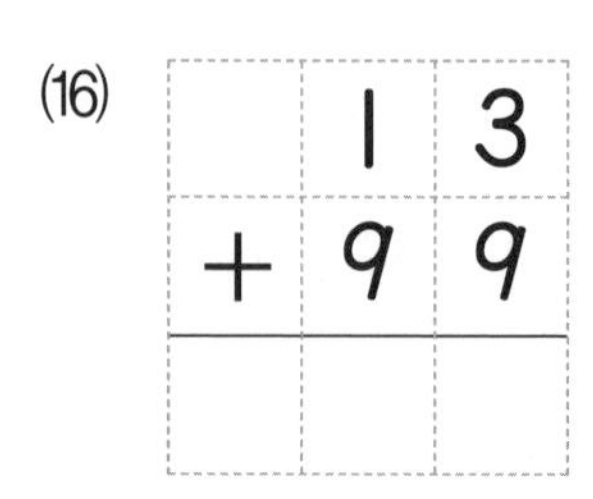

● 덧셈을 하세요.

(1)

	3	9
+	6	2

(2)

	4	5
+	7	7

(3)

	1	8
+	8	9

(4)

	2	6
+	9	6

(5)

	4	4
+	9	6

(6)

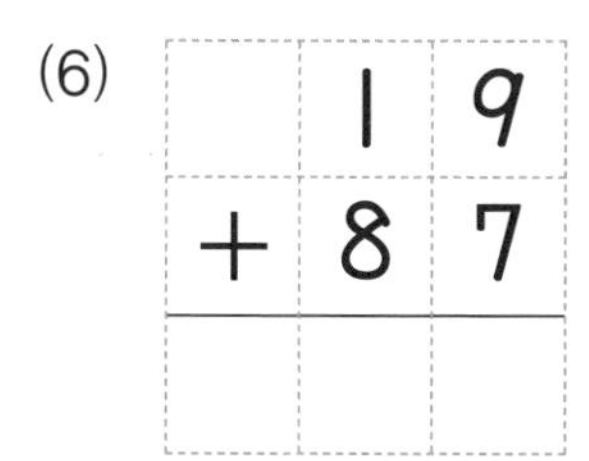

	1	9
+	8	7

(7)

	2	7
+	7	5

(8)

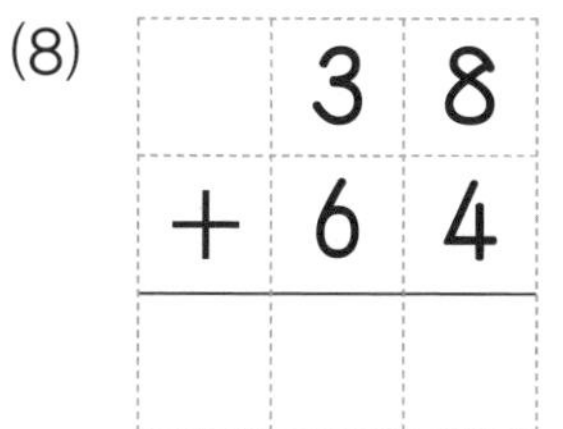

	3	8
+	6	4

(9)

	4	3
+	7	9

(13)

	2	7
+	8	3

(10)

	2	5
+	7	5

(14)

	3	5
+	9	9

(11)

	3	7
+	9	5

(15)

	4	8
+	7	6

(12)

	4	8
+	6	8

(16)

	1	9
+	8	8

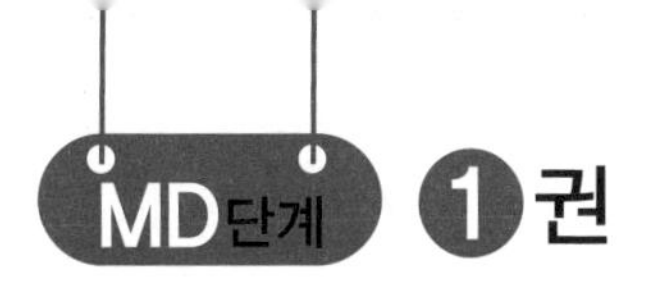

받아올림이 있는 (두 자리 수)+(두 자리 수) (4)

요일	교재 번호	학습한 날짜	확인
1일차(월)	01~08	월 일	
2일차(화)	09~16	월 일	
3일차(수)	17~24	월 일	
4일차(목)	25~32	월 일	
5일차(금)	33~40	월 일	

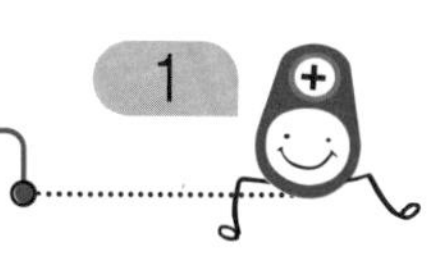

● 덧셈을 하세요.

(1)

	1	6
+	1	2

(2)

	2	4
+	1	7

(3)

	3	1
+	6	9

(4)

	1	5
+	9	5

(5)

	2	8
+	7	6

(6)

	2	3
+	8	8

(7)

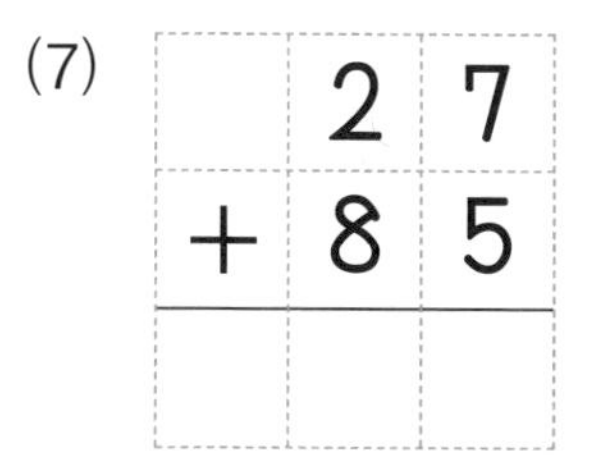

	2	7
+	8	5

(8)

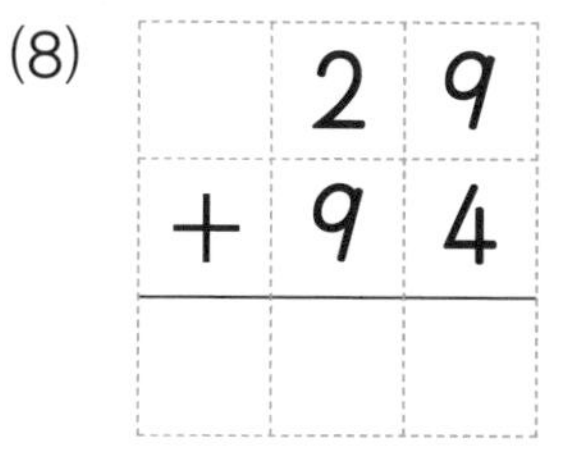

	2	9
+	9	4

(9)

	3	6
+	9	3

(10)

	3	6
+	8	5

(11)

	3	8
+	7	4

(12)

	3	6
+	9	9

(13)

	4	3
+	5	2

(14)

	4	6
+	9	6

(15)

	4	6
+	9	5

(16)

	4	7
+	9	3

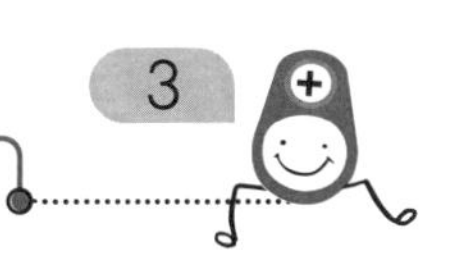

● 덧셈을 하세요.

(1)

	5	9
+	4	1

(2)

	5	5
+	4	5

(3)

	5	8
+	4	2

(4)

	5	6
+	5	5

(5)

	5	4
+	5	6

(6)

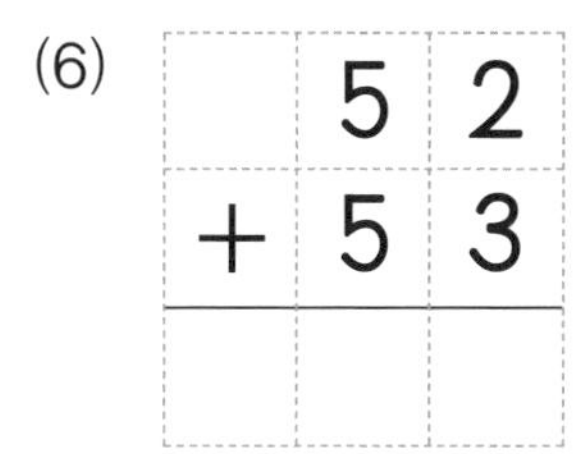

	5	2
+	5	3

(7)

	5	7
+	6	4

(8)

	5	7
+	6	8

(9)

	5	2
+	7	9

(10)

	5	5
+	7	7

(11)

	5	0
+	8	6

(12)

	5	6
+	8	9

(13)

	5	9
+	9	3

(14)

	5	6
+	9	8

(15)

	5	9
+	5	5

(16)

	5	7
+	6	3

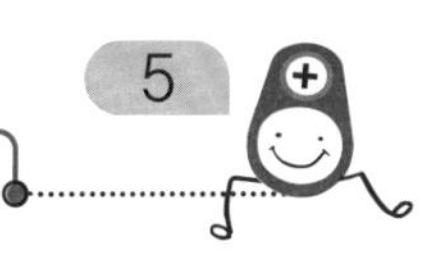

● 덧셈을 하세요.

(1)

	6	8
+	3	3

(2)

	6	3
+	3	7

(3)

	6	8
+	4	4

(4)

	6	6
+	4	6

(5)

	6	4
+	5	7

(6)

	6	4
+	1	5

(7)

	6	7
+	6	5

(8)

	6	7
+	6	7

(9)

	6	3
+	7	8

(10)

	6	4
+	7	5

(11)

	6	8
+	8	4

(12)

	6	6
+	8	4

(13)

	6	9
+	9	9

(14)

	6	6
+	9	7

(15)

	6	3
+	3	5

(16)

	6	8
+	5	7

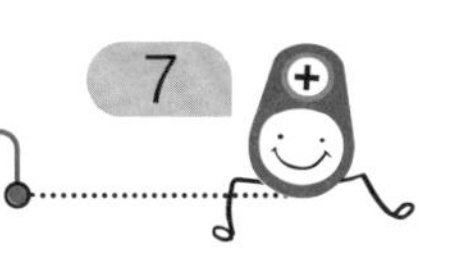

● 덧셈을 하세요.

(1)

	5	7
+	4	2

(2)

	5	5
+	4	7

(3)

	5	9
+	5	7

(4)

	5	6
+	5	5

(5)

	6	4
+	3	6

(6)

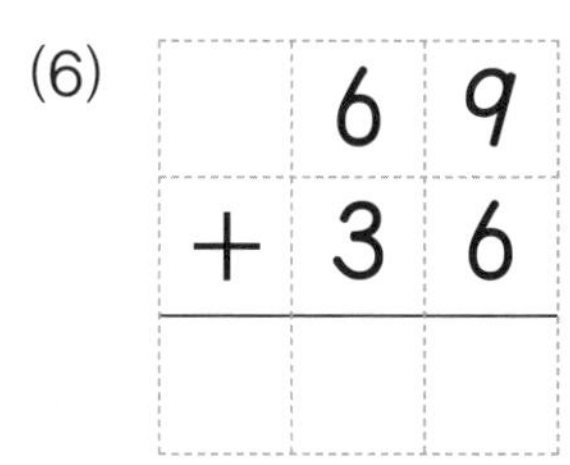

	6	9
+	3	6

(7)

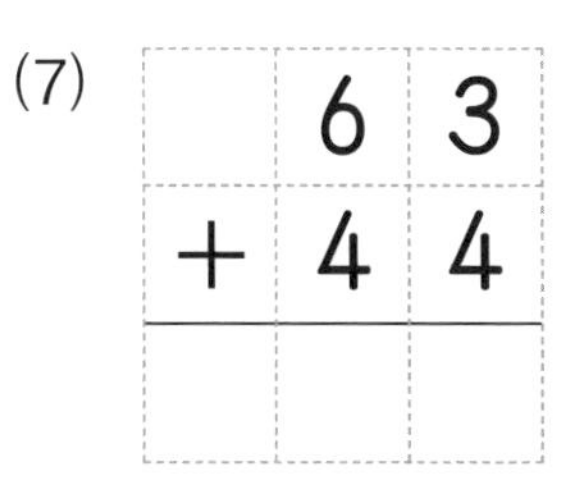

	6	3
+	4	4

(8)

	6	9
+	5	4

(9)

	5	3
+	6	9

(10)

	1	5
+	7	8

(11)

	5	7
+	8	5

(12)

	5	8
+	9	8

(13)

	6	7
+	6	9

(14)

	6	5
+	7	9

(15)

	6	8
+	8	6

(16)

	6	9
+	9	8

MD04 받아올림이 있는 (두 자리 수)+(두 자리 수) (4)

● 덧셈을 하세요.

(1)

	5	8
+	8	3

(2)

	5	4
+	8	9

(3)

	5	7
+	8	4

(4)

	5	5
+	8	6

(5)

	6	3
+	9	5

(6)

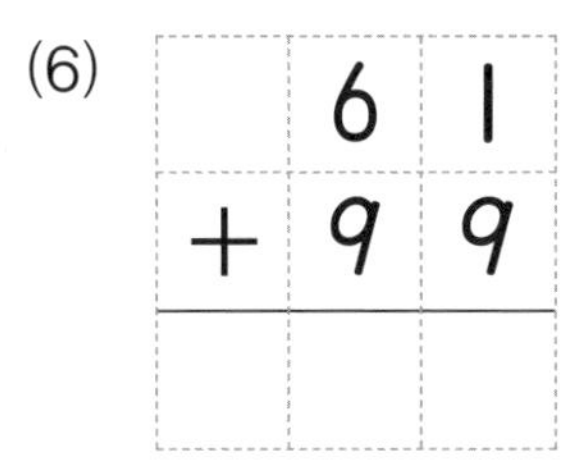

	6	1
+	9	9

(7)

	6	6
+	9	5

(8)

	6	6
+	9	9

(9)

	5	9
+	7	3

(10)

	5	8
+	7	5

(11)

	5	6
+	7	4

(12)

	5	6
+	8	6

(13)

	6	8
+	8	2

(14)

	6	6
+	8	7

(15)

	6	6
+	9	8

(16)

	6	7
+	9	3

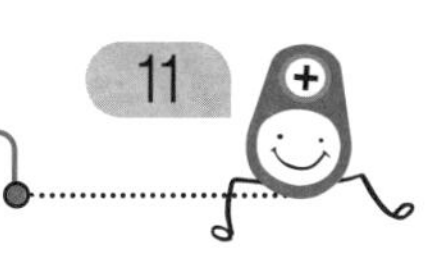

● 덧셈을 하세요.

(1)

	7	8
+	2	1

(2)

	7	5
+	2	7

(3)

	7	8
+	3	4

(4)

	7	6
+	3	5

(5)

	7	4
+	4	6

(6)

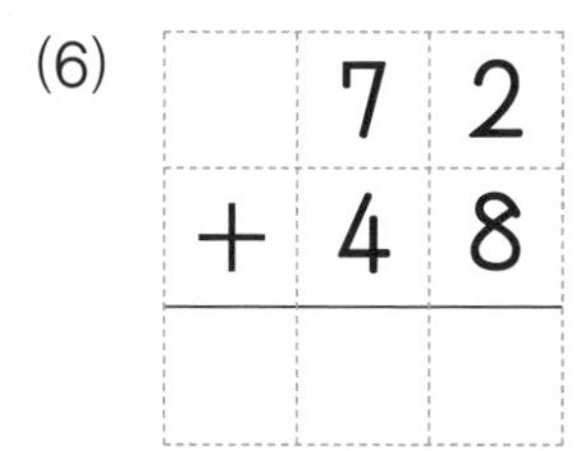

	7	2
+	4	8

(7)

	7	7
+	5	6

(8)

	7	7
+	5	8

(9)

	7	2
+	6	9

(10)

	7	5
+	6	3

(11)

	7	7
+	7	7

(12)

	7	8
+	7	9

(13)

	7	9
+	8	4

(14)

	7	8
+	8	8

(15)

	7	9
+	9	5

(16)

	7	7
+	9	9

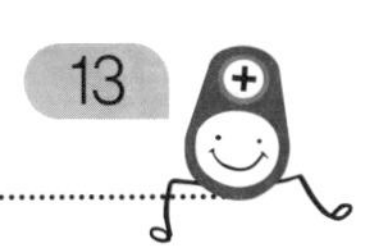

● 덧셈을 하세요.

(1)

	8	3
+	1	9

(2)

	8	4
+	1	7

(3)

	8	2
+	2	6

(4)

	8	9
+	2	6

(5)

	8	5
+	3	7

(6)

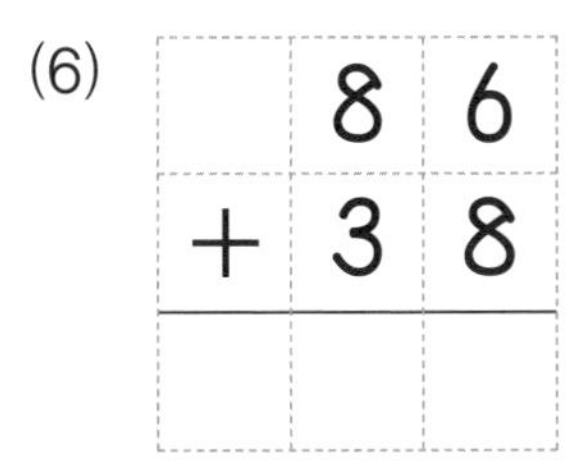

(7)

	8	7
+	4	9

(8)

	8	9
+	4	2

(9)

	8	7
+	5	8

(10)

	8	5
+	5	9

(11)

	8	9
+	6	2

(12)

	8	4
+	6	4

(13)

	8	9
+	7	9

(14)

	8	6
+	7	7

(15)

	8	8
+	8	5

(16)

	8	9
+	9	7

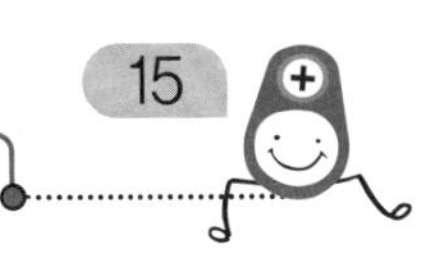

● 덧셈을 하세요.

(1)

	7	0
+	2	2

(2)

	7	5
+	3	7

(3)

	7	9
+	4	7

(4)

	7	3
+	5	5

(5)

	8	4
+	1	6

(6)

	8	9
+	2	6

(7)

	8	7
+	3	4

(8)

	8	9
+	4	4

(9)

	7	3
+	6	9

(10)

	7	5
+	7	8

(11)

	7	7
+	8	5

(12)

	7	8
+	9	8

(13)

	8	7
+	6	9

(14)

	8	5
+	7	9

(15)

	8	8
+	8	6

(16)

	8	9
+	9	8

● 덧셈을 하세요.

(1)

	7	8
+	2	3

(2)

	7	4
+	3	9

(3)

	7	7
+	4	4

(4)

	7	5
+	5	6

(5)

	8	5
+	1	5

(6)

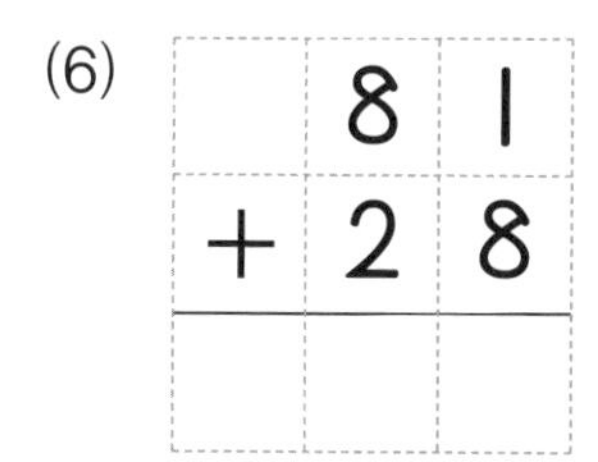

	8	1
+	2	8

(7)

	8	6
+	3	5

(8)

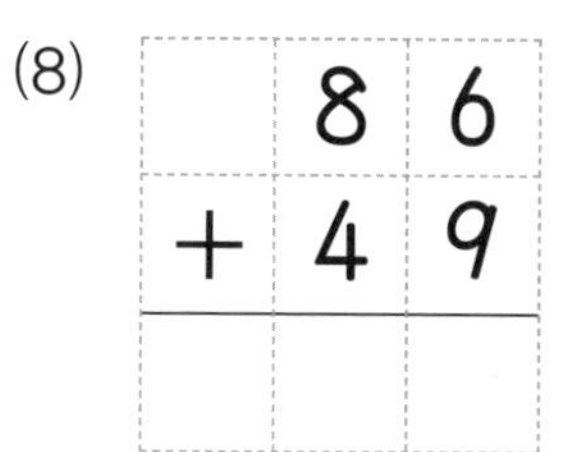

	8	6
+	4	9

(9)

	7	9
+	6	3

(10)

	7	8
+	7	5

(11)

	7	6
+	8	4

(12)

	7	6
+	9	6

(13)

	8	8
+	5	8

(14)

	8	9
+	6	5

(15)

	8	8
+	7	9

(16)

	8	5
+	8	2

● 덧셈을 하세요.

(1)

	9	9
+	1	1

(2)

	9	5
+	1	7

(3)

	9	8
+	2	4

(4)

	9	6
+	2	5

(5)

	9	4
+	3	6

(6)

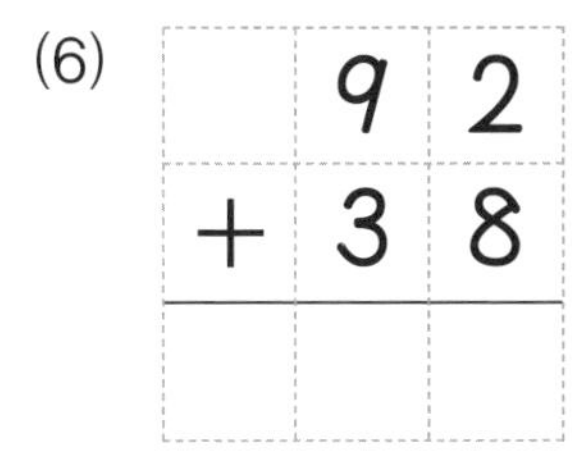

	9	2
+	3	8

(7)

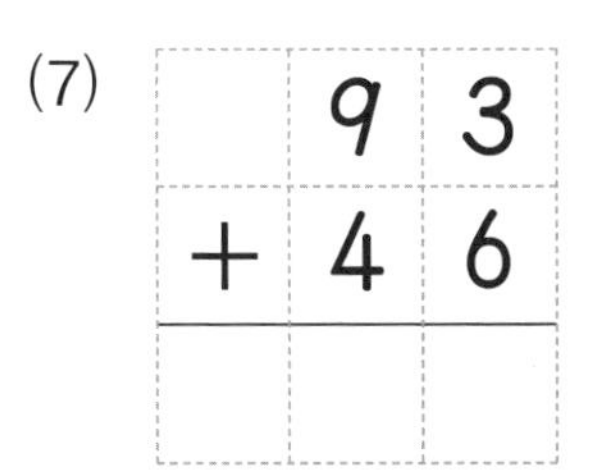

	9	3
+	4	6

(8)

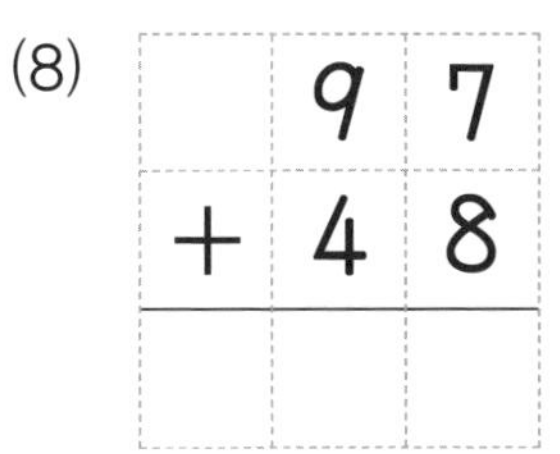

	9	7
+	4	8

(9)

	9	2
+	5	9

(10)

	9	5
+	5	8

(11)

	9	7
+	6	7

(12)

	9	8
+	6	9

(13)

	9	9
+	7	4

(14)

	9	8
+	7	1

(15)

	9	9
+	8	5

(16)

	9	7
+	9	9

● 덧셈을 하세요.

(1)

	5	3
+	6	9

(2)

	6	4
+	6	7

(3)

	7	8
+	7	6

(4)

	8	9
+	7	6

(5)

	9	5
+	8	7

(6)

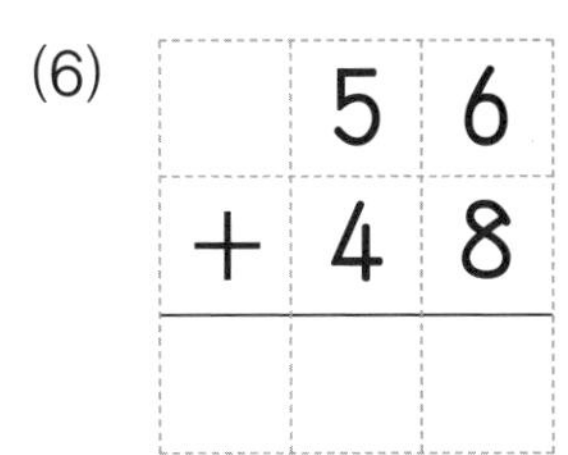

	5	6
+	4	8

(7)

	6	7
+	5	9

(8)

	7	9
+	6	2

(9)

	8	7
+	6	8

(10)

	9	5
+	7	9

(11)

	8	9
+	8	2

(12)

	7	6
+	9	4

(13)

	6	9
+	4	9

(14)

	5	6
+	7	7

(15)

	7	2
+	8	5

(16)

	9	9
+	9	7

● 덧셈을 하세요.

(1)

	6	9
+	5	2

(5)

	7	4
+	5	6

(2)

	8	5
+	5	7

(6)

	5	2
+	6	6

(3)

	5	9
+	5	7

(7)

	8	7
+	4	4

(4)

	9	6
+	6	5

(8)

	6	9
+	7	4

(9)

	9	3
+	5	9

(10)

	7	5
+	4	8

(11)

	5	7
+	8	5

(12)

	6	8
+	8	8

(13)

	8	7
+	9	9

(14)

	9	5
+	4	9

(15)

	7	8
+	3	6

(16)

	5	9
+	9	8

● 덧셈을 하세요.

(1)

	2	1
+	6	9

(2)

	7	8
+	2	3

(3)

	8	6
+	2	5

(4)

	9	6
+	3	9

(5)

	5	1
+	4	9

(6)

	6	5
+	8	5

(7)

	7	7
+	9	4

(8)

	8	5
+	3	6

(9)

	9	9
+	2	3

(10)

	8	3
+	1	0

(11)

	7	6
+	6	4

(12)

	6	6
+	3	6

(13)

	5	8
+	5	8

(14)

	7	9
+	7	5

(15)

	9	8
+	1	9

(16)

	6	5
+	9	6

● 덧셈을 하세요.

(1)

	1	9
+	9	1

(2)

	2	5
+	8	7

(3)

	3	8
+	8	4

(4)

	4	6
+	9	5

(5)

	5	4
+	5	6

(6)

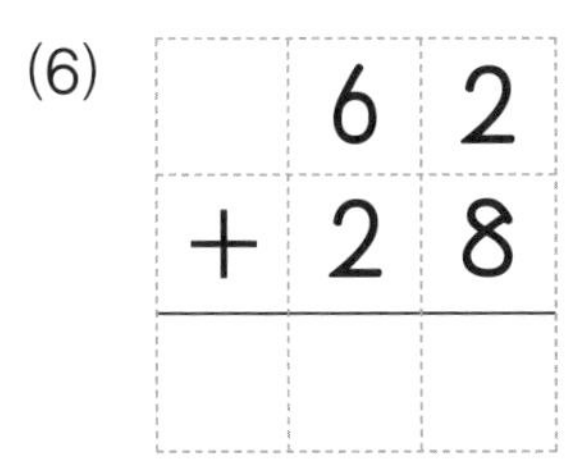

	6	2
+	2	8

(7)

	7	7
+	6	6

(8)

	8	7
+	6	8

(9)

	9	2
+	7	9

(13)

	1	5
+	8	4

(10)

	7	5
+	7	8

(14)

	2	8
+	9	8

(11)

	5	7
+	8	7

(15)

	4	9
+	6	5

(12)

	3	8
+	7	9

(16)

	6	7
+	9	9

● 덧셈을 하세요.

(1)

	8	5
+	6	7

(2)

	1	4
+	9	3

(3)

	4	8
+	5	6

(4)

	7	9
+	6	6

(5)

	2	3
+	8	9

(6)

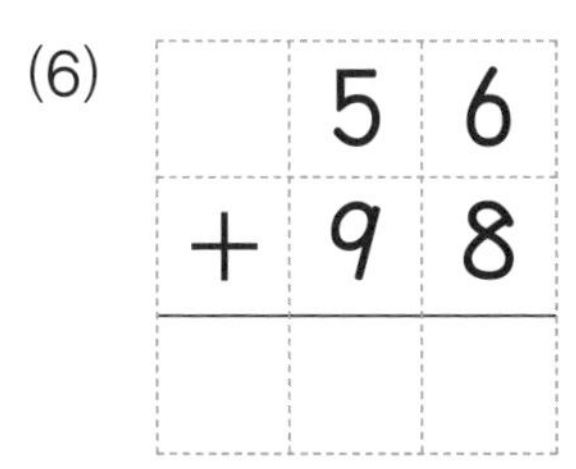

	5	6
+	9	8

(7)

	8	7
+	7	9

(8)

	9	9
+	3	2

(9)

	6	1
+	6	7

(10)

	3	5
+	7	9

(11)

	1	8
+	8	5

(12)

	5	9
+	6	7

(13)

	9	9
+	8	9

(14)

	7	7
+	9	8

(15)

	4	8
+	8	2

(16)

	3	6
+	9	4

● 덧셈을 하세요.

(1)

	3	9
+	5	2

(2)

	4	5
+	5	7

(3)

	6	8
+	8	7

(4)

	7	6
+	6	5

(5)

	1	4
+	8	6

(6)

	2	9
+	7	6

(7)

	8	7
+	8	4

(8)

	9	9
+	9	4

(9)

	5	3
+	6	9

(10)

	6	5
+	7	8

(11)

	3	2
+	7	5

(12)

	4	8
+	9	8

(13)

	7	7
+	6	9

(14)

	8	5
+	8	9

(15)

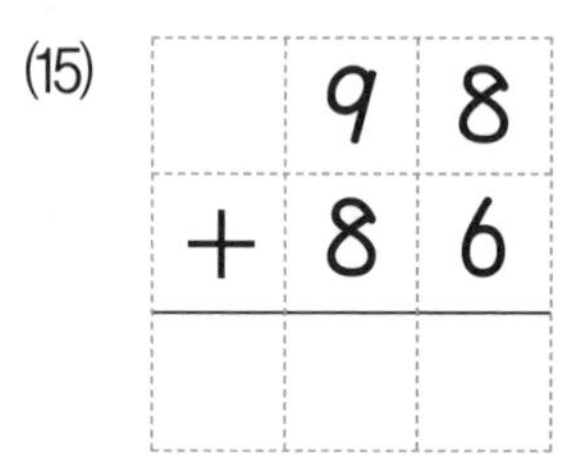

	9	8
+	8	6

(16)

	1	9
+	9	8

● 덧셈을 하세요.

(1)

	4	5
+	4	5

(2)

	6	8
+	5	3

(3)

	8	7
+	6	4

(4)

	1	6
+	8	9

(5)

	3	1
+	7	9

(6)

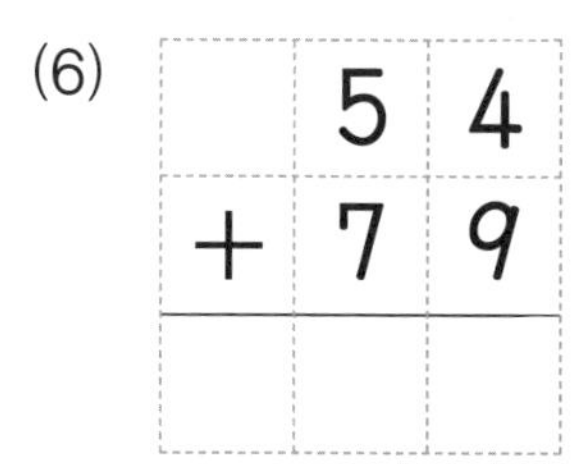

	5	4
+	7	9

(7)

	7	6
+	8	5

(8)

	9	5
+	9	6

(9)

	2	3
+	9	5

(10)

	5	8
+	7	5

(11)

	8	5
+	8	6

(12)

	1	6
+	9	6

(13)

	4	8
+	5	8

(14)

	7	9
+	6	3

(15)

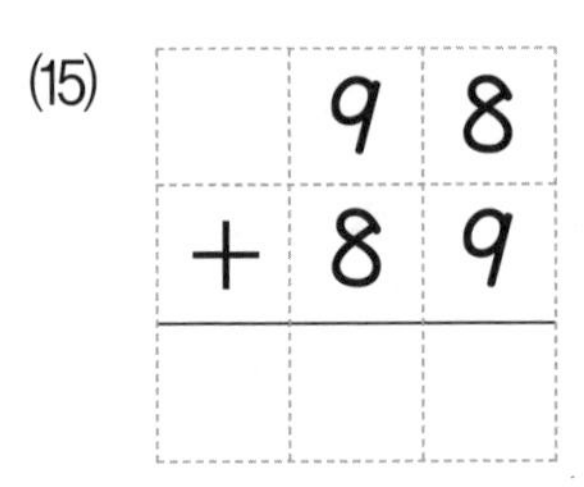

	9	8
+	8	9

(16)

	3	6
+	9	4

● 덧셈을 하세요.

(1)

$$\begin{array}{r} 59 \\ +\ 81 \\ \hline \end{array}$$

(2)

$$\begin{array}{r} 35 \\ +\ 77 \\ \hline \end{array}$$

(3)

$$\begin{array}{r} 18 \\ +\ 74 \\ \hline \end{array}$$

(4)

$$\begin{array}{r} 47 \\ +\ 55 \\ \hline \end{array}$$

(5)

$$\begin{array}{r} 24 \\ +\ 66 \\ \hline \end{array}$$

(6)

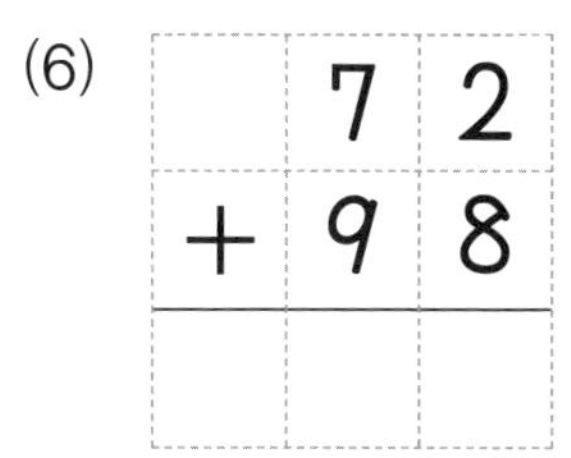

(7)

$$\begin{array}{r} 67 \\ +\ 86 \\ \hline \end{array}$$

(8)

$$\begin{array}{r} 87 \\ +\ 68 \\ \hline \end{array}$$

(9)
$$\begin{array}{r} 5\ 7 \\ +\ 8\ 9 \\ \hline \end{array}$$

(10)
$$\begin{array}{r} 9\ 5 \\ +\ 7\ 8 \\ \hline \end{array}$$

(11)
$$\begin{array}{r} 1\ 6 \\ +\ 7\ 7 \\ \hline \end{array}$$

(12)
$$\begin{array}{r} 2\ 4 \\ +\ 9\ 9 \\ \hline \end{array}$$

(13)
$$\begin{array}{r} 4\ 9 \\ +\ 7\ 4 \\ \hline \end{array}$$

(14)
$$\begin{array}{r} 3\ 3 \\ +\ 9\ 8 \\ \hline \end{array}$$

(15)
$$\begin{array}{r} 6\ 9 \\ +\ 8\ 5 \\ \hline \end{array}$$

(16)
$$\begin{array}{r} 7\ 8 \\ +\ 9\ 8 \\ \hline \end{array}$$

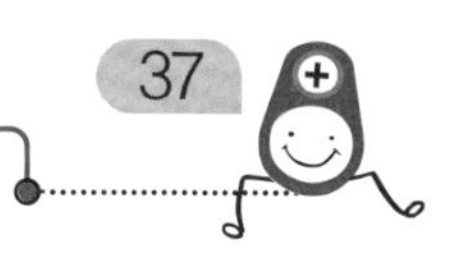

MD04 받아올림이 있는 (두 자리 수)+(두 자리 수) (4)

● |보기|와 같이 틀린 답을 바르게 고치세요.

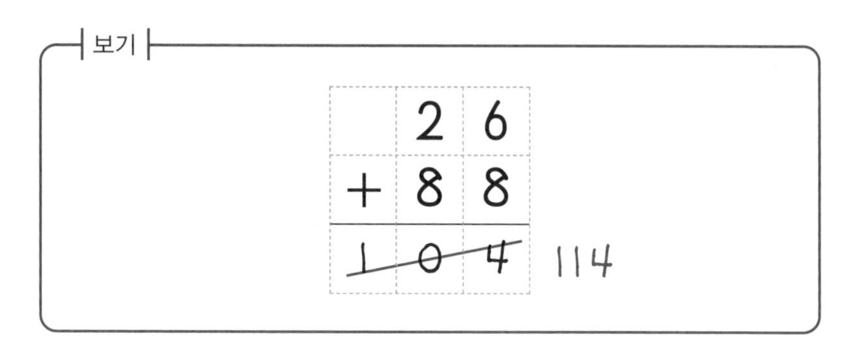

(1)

	1	4
+	9	7
1	0	1

(3)

	3	5
+	7	7
1	0	2

(2)

	2	9
+	8	2
1	0	1

(4)

	4	7
+	6	9
1	0	6

일의 자리 수끼리의 합에서 생긴 받아올림을 계산하지 않은 경우입니다.

(5)

	5	6
+	7	7
1	2	3

(6)

	6	5
+	8	9
1	4	4

(7)

	7	9
+	9	7
1	6	6

(8)

	8	8
+	8	5
1	6	3

(9)

	9	9
+	6	9
1	5	8

(10)

	3	4
+	7	8
1	0	2

(11)

	4	7
+	9	4
1	3	1

(12)

	1	8
+	8	3
	9	1

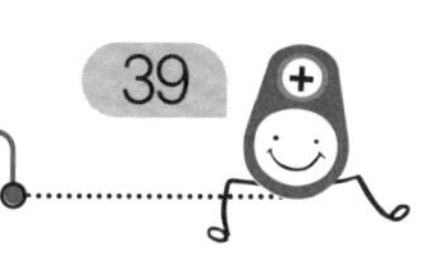

● |보기|와 같이 틀린 답을 바르게 고치세요.

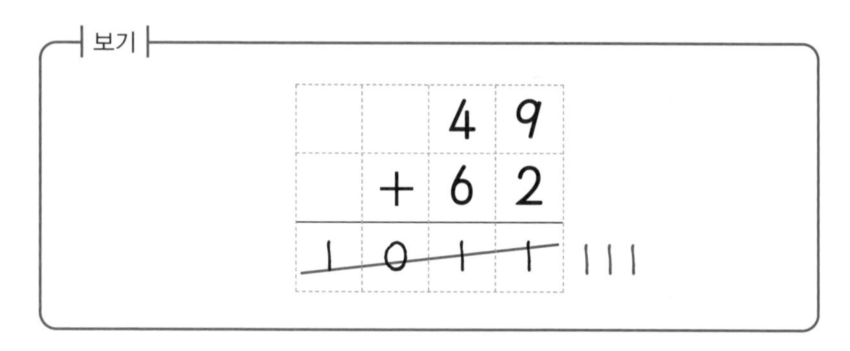

|보기|

$$
\begin{array}{ccc}
 & 4 & 9 \\
+ & 6 & 2 \\
\hline
\end{array}
$$

~~1 0 1 1~~ 111

(1)

		5	5
	+	7	7
1	2	1	2

(3)

	1	5
+	8	6
9	1	1

(2)

		2	8
	+	8	7
1	0	1	5

(4)

		4	7
	+	7	4
1	1	1	1

Talk

자릿수를 잘못 적어 계산한 경우입니다.

(5)

		7	3
	+	4	9
1	1	1	2

(9)

		8	7
	+	2	9
1	0	1	6

(6)

		8	5
	+	2	8
1	0	1	3

(10)

		9	5
	+	3	9
1	2	1	4

(7)

		9	7
	+	3	5
1	2	1	2

(11)

		7	8
	+	4	6
1	1	1	4

(8)

		6	8
	+	4	8
1	0	1	6

(12)

	8	9
+	1	8
9	1	7

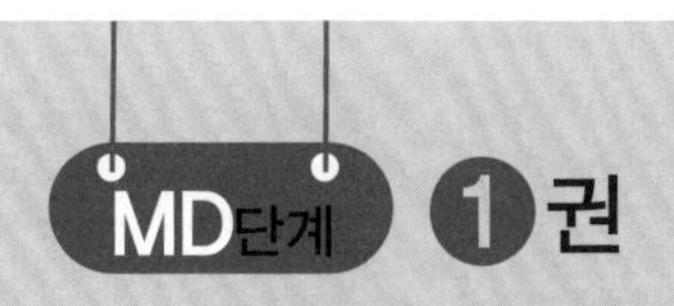

학교 연산 대비하자

연산 UP

MD

연산 UP

1

● 덧셈을 하시오.

(1)

	1	6
+	2	7

(2)

	2	5
+	4	6

(3)

	3	9
+	2	4

(4)

	5	6
+	1	8

(5)

	2	8
+	6	4

(6)

	5	7
+	1	5

(7)

	2	9
+	5	6

(8)

	3	8
+	4	9

(9)

	7	4
+	3	2

(10)

	2	3
+	9	1

(11)

	8	6
+	5	3

(12)

	7	1
+	8	5

(13)

	6	5
+	6	2

(14)

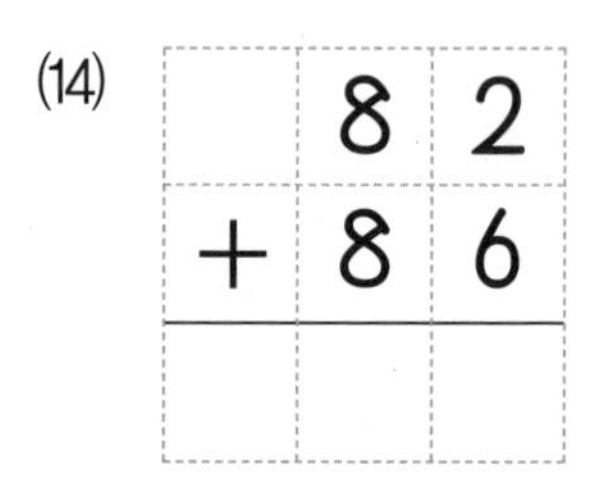

	8	2
+	8	6

(15)

	7	8
+	5	1

(16)

	9	4
+	7	3

● 덧셈을 하시오.

(1)

	1	7
+	8	6

(2)

	3	4
+	7	6

(3)

	2	9
+	8	5

(4)

	5	8
+	9	6

(5)

	6	3
+	8	7

(6)

	7	6
+	5	7

(7)

	4	5
+	6	8

(8)

	8	7
+	3	9

(9)

	2	5
+	9	6

(10)

	6	4
+	3	8

(11)

	4	7
+	9	3

(12)

	5	8
+	6	3

(13)

	7	6
+	9	7

(14)

	3	8
+	8	2

(15)

	8	9
+	7	6

(16)

	9	7
+	5	9

연산 UP

5

● 덧셈을 하시오.

(1)

	3	7
+	6	5

(2)

	9	4
+	6	6

(3)

	4	5
+	8	8

(4)

	7	8
+	2	7

(5)

	6	3
+	5	8

(6)

	5	6
+	8	7

(7)

	2	9
+	9	2

(8)

	8	6
+	8	4

(9)

	5	4
+	7	9

(10)

	4	8
+	5	3

(11)

	3	9
+	9	1

(12)

	7	4
+	6	8

(13)

	4	9
+	7	9

(14)

	9	6
+	4	6

(15)

	6	7
+	9	6

(16)

	8	5
+	9	7

연산 UP 7

● 빈칸에 알맞은 수를 써넣으시오.

(1)

+	23	45
19		
27		

(3)

+	64	82
43		
75		

(2)

+	14	37
48		
56		

(4)

+	36	54
81		
93		

(5)

+	78	95
17		
35		

(7)

+	56	77
48		
94		

(6)

+	47	69
53		
86		

(8)

+	64	82
39		
78		

● 빈 곳에 알맞은 수를 써넣으시오.

(1)

29	17	
32	48	

(2)

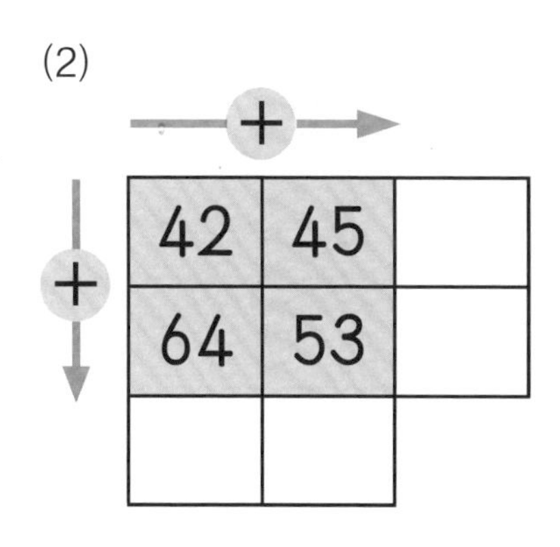

(3)

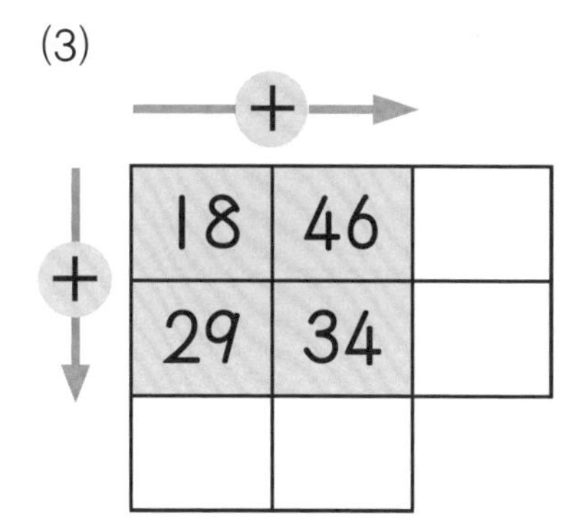

(4)

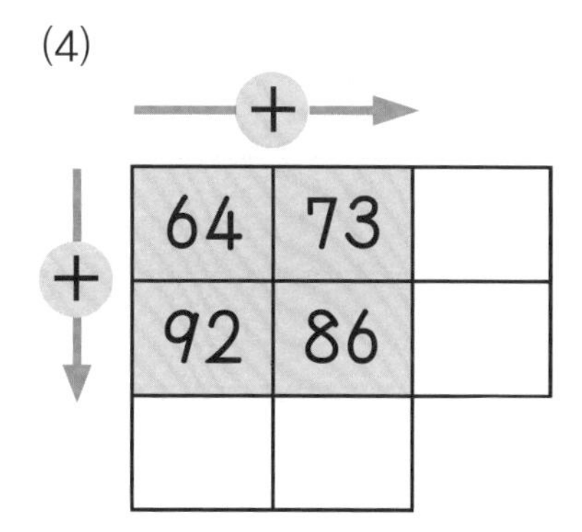

(5)

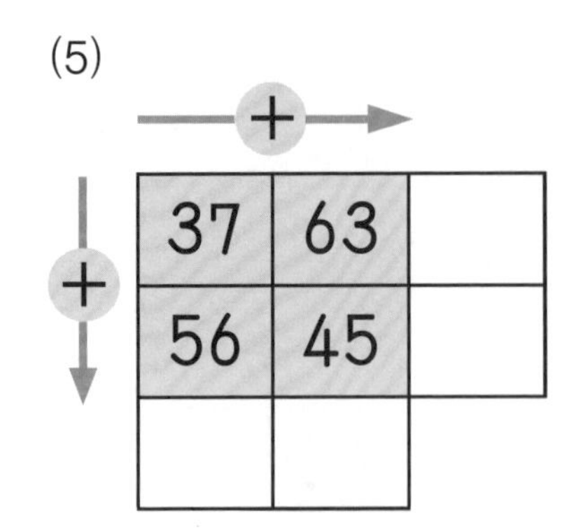

(6)

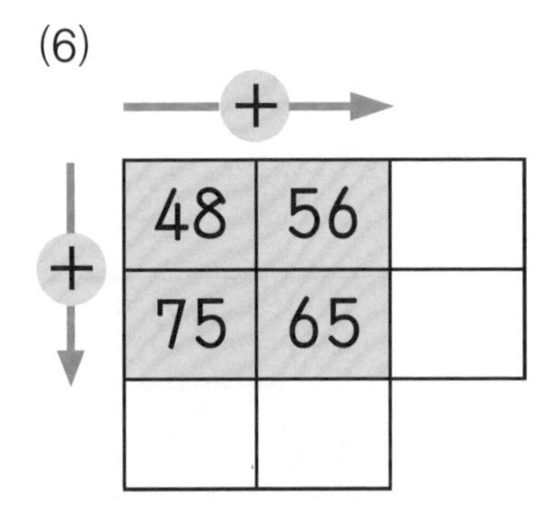

(7)

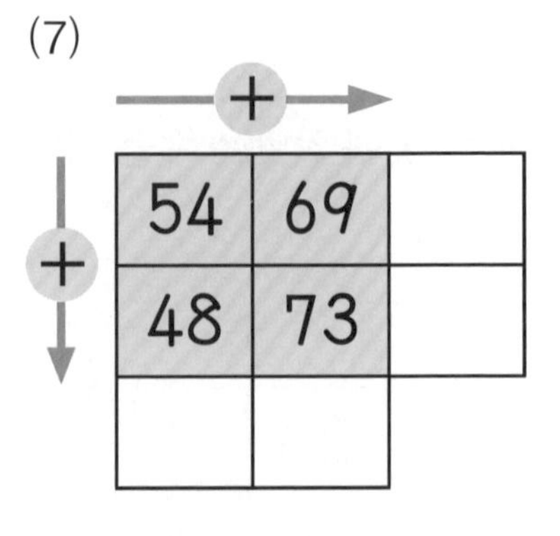

(8)

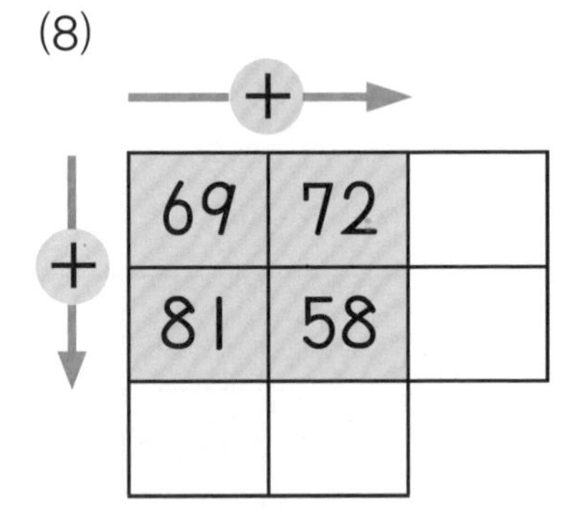

● 빈 곳에 알맞은 수를 써넣으시오.

(1)

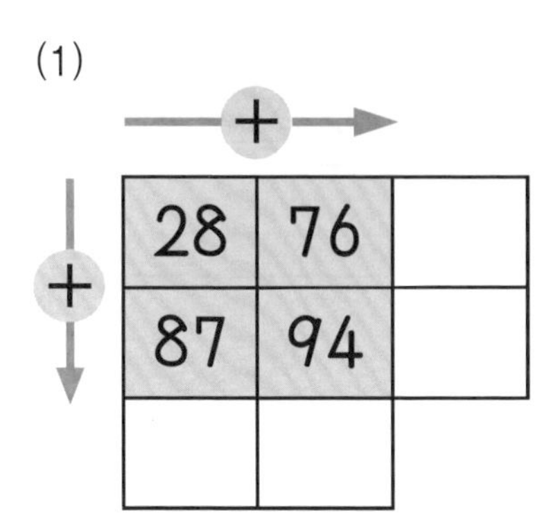

(2)

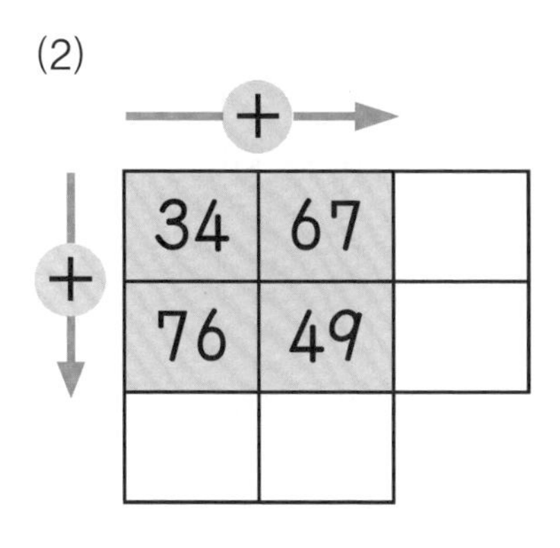

(3)

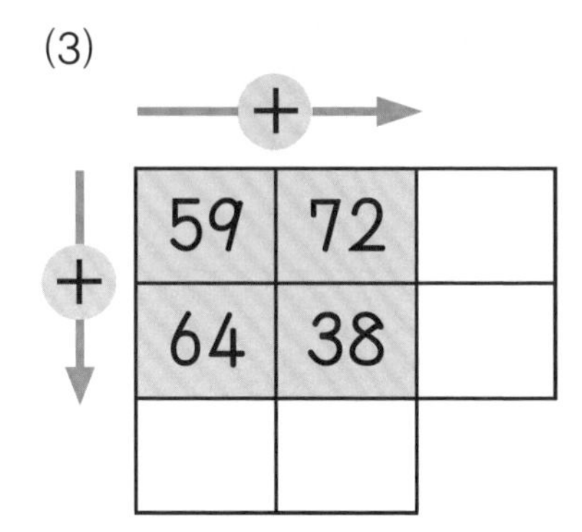

(4)

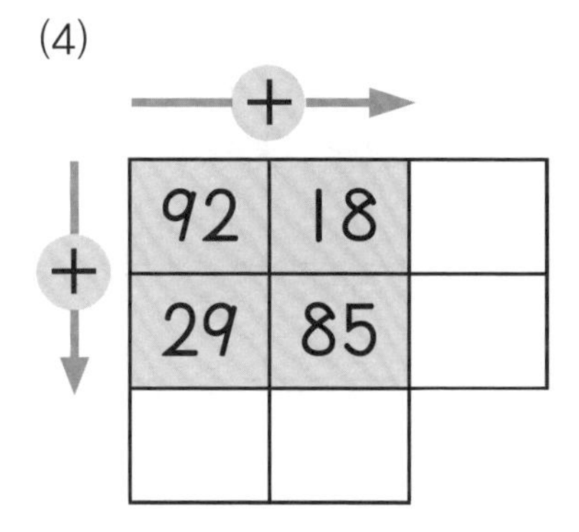

(5)

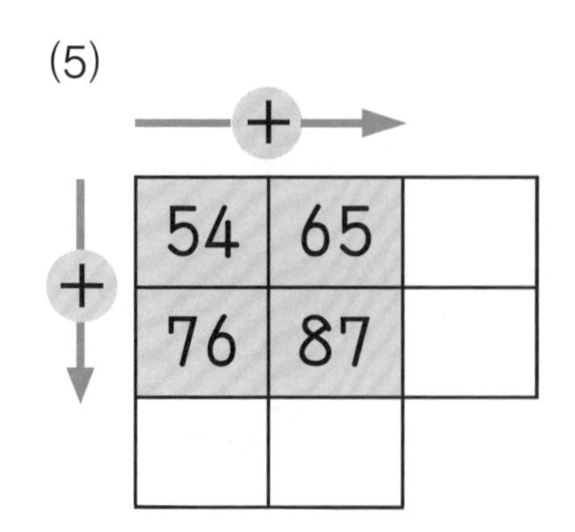

(6)

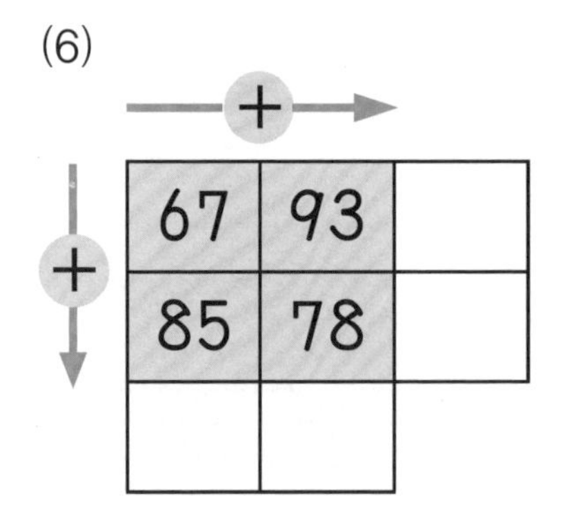

(7)

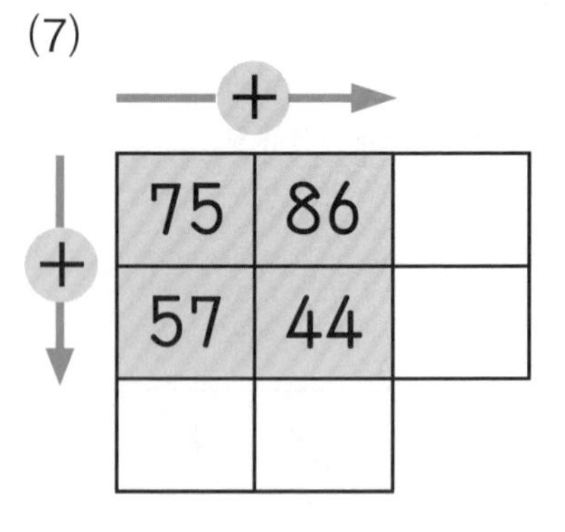

(8)

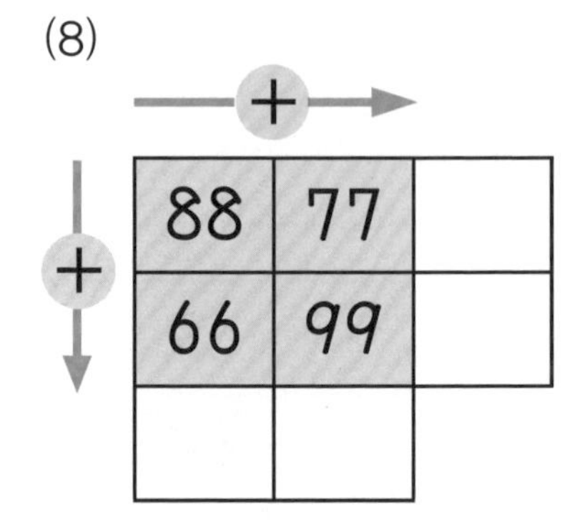

● 다음을 읽고 물음에 답하시오.

(1) 한솔이는 붙임 딱지를 24장 모았고, 정민이는 붙임 딱지를 19장 모았습니다. 두 사람이 모은 붙임 딱지는 모두 몇 장입니까?

( )

(2) 서준이는 동화책을 어제 38쪽 읽었고, 오늘은 47쪽 읽었습니다. 서준이가 어제와 오늘 읽은 동화책은 모두 몇 쪽입니까?

( )

(3) 재석이네 농장에서 기르는 닭은 72마리, 오리는 63마리입니다. 재석이네 농장에서 기르는 닭과 오리는 모두 몇 마리입니까?

( )

(4) 빨간 구슬이 83개, 파란 구슬이 47개 있습니다. 구슬은 모두 몇 개입니까?

( )

(5) 주현이는 훌라후프 돌리기를 하였습니다. 처음에는 54회 돌리고 다음에는 48회 돌렸다면 주현이는 훌라후프를 모두 몇 회 돌렸습니까?

( )

(6) 준수네 마을에는 소나무가 57그루 있고, 은행나무는 소나무보다 26그루 더 많이 있습니다. 준수네 마을에 있는 은행나무는 모두 몇 그루입니까?

( )

● 다음을 읽고 물음에 답하시오.

(1) 사과가 15개, 귤이 48개 있습니다. 사과와 귤은 모두 몇 개입니까?

( )

(2) 화단에 장미가 64송이, 튤립이 37송이 피었습니다. 화단에 피어 있는 장미와 튤립은 모두 몇 송이입니까?

( )

(3) 운동장에 남학생이 72명, 여학생이 58명 모였습니다. 운동장에 모인 학생은 모두 몇 명입니까?

( )

(4) 희주는 줄넘기를 69개 했고, 수빈이는 85개 했습니다. 두 사람이 한 줄넘기는 모두 몇 개입니까?

( )

(5) 효준이는 종이학을 54마리 접었고, 지성이는 88마리 접었습니다. 두 사람이 접은 종이학은 모두 몇 마리입니까?

( )

(6) 소현이는 우표를 75장 모았고, 민기는 소현이보다 48장 더 모았습니다. 민기가 모은 우표는 모두 몇 장입니까?

( )

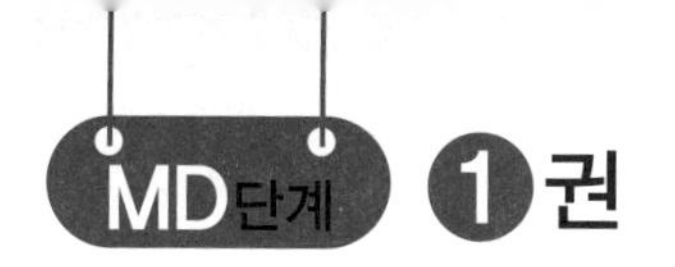

정 답

MD01							
1	2	3	4	5	6	7	8
(1) 20	(5) 30	(1) 40	(5) 30	(1) 30	(9) 20	(1) 20	(9) 40
(2) 20	(6) 21	(2) 50	(6) 42	(2) 40	(10) 30	(2) 40	(10) 22
(3) 31	(7) 40	(3) 40	(7) 50	(3) 20	(11) 20	(3) 22	(11) 30
(4) 40	(8) 31	(4) 31	(8) 52	(4) 21	(12) 31	(4) 20	(12) 21
				(5) 50	(13) 21	(5) 31	(13) 20
				(6) 60	(14) 22	(6) 20	(14) 32
				(7) 30	(15) 32	(7) 31	(15) 20
				(8) 31	(16) 33	(8) 20	(16) 32

MD01							
9	10	11	12	13	14	15	16
(1) 30	(9) 30	(1) 30	(9) 40	(1) 40	(9) 50	(1) 30	(9) 40
(2) 40	(10) 21	(2) 40	(10) 50	(2) 40	(10) 51	(2) 40	(10) 51
(3) 20	(11) 30	(3) 50	(11) 50	(3) 50	(11) 61	(3) 50	(11) 41
(4) 31	(12) 31	(4) 60	(12) 31	(4) 31	(12) 32	(4) 31	(12) 52
(5) 40	(13) 21	(5) 30	(13) 50	(5) 41	(13) 60	(5) 41	(13) 52
(6) 31	(14) 40	(6) 40	(14) 41	(6) 51	(14) 42	(6) 50	(14) 43
(7) 30	(15) 31	(7) 41	(15) 51	(7) 60	(15) 52	(7) 42	(15) 53
(8) 21	(16) 41	(8) 51	(16) 61	(8) 41	(16) 62	(8) 62	(16) 63

MD01

17	18	19	20	21	22	23	24
(1) 40	(9) 60	(1) 30	(9) 40	(1) 30	(9) 50	(1) 40	(9) 51
(2) 50	(10) 71	(2) 50	(10) 32	(2) 40	(10) 52	(2) 31	(10) 53
(3) 50	(11) 51	(3) 41	(11) 43	(3) 31	(11) 43	(3) 42	(11) 61
(4) 71	(12) 52	(4) 50	(12) 63	(4) 50	(12) 53	(4) 40	(12) 60
(5) 60	(13) 50	(5) 41	(13) 44	(5) 41	(13) 34	(5) 60	(13) 74
(6) 41	(14) 61	(6) 40	(14) 63	(6) 51	(14) 64	(6) 52	(14) 74
(7) 50	(15) 60	(7) 51	(15) 64	(7) 42	(15) 45	(7) 51	(15) 54
(8) 32	(16) 63	(8) 62	(16) 74	(8) 52	(16) 65	(8) 62	(16) 75

MD01

25	26	27	28	29	30	31	32
(1) 40	(9) 42	(1) 30	(9) 42	(1) 40	(9) 53	(1) 40	(9) 54
(2) 51	(10) 82	(2) 40	(10) 43	(2) 50	(10) 44	(2) 51	(10) 64
(3) 50	(11) 44	(3) 31	(11) 54	(3) 31	(11) 55	(3) 42	(11) 70
(4) 71	(12) 60	(4) 51	(12) 64	(4) 51	(12) 74	(4) 61	(12) 47
(5) 50	(13) 54	(5) 62	(13) 65	(5) 60	(13) 65	(5) 40	(13) 52
(6) 71	(14) 60	(6) 50	(14) 66	(6) 52	(14) 96	(6) 62	(14) 73
(7) 62	(15) 72	(7) 52	(15) 65	(7) 72	(15) 87	(7) 63	(15) 75
(8) 70	(16) 85	(8) 41	(16) 96	(8) 63	(16) 77	(8) 51	(16) 98

MD01

33	34	35	36	37	38	39	40
(1) 60	(9) 60	(1) 40	(9) 50	(1) 50	(9) 40	(1) 50	(9) 40
(2) 50	(10) 52	(2) 60	(10) 63	(2) 41	(10) 32	(2) 50	(10) 52
(3) 40	(11) 62	(3) 51	(11) 60	(3) 61	(11) 92	(3) 61	(11) 63
(4) 51	(12) 50	(4) 71	(12) 71	(4) 50	(12) 63	(4) 61	(12) 64
(5) 40	(13) 72	(5) 61	(13) 63	(5) 81	(13) 54	(5) 63	(13) 92
(6) 70	(14) 80	(6) 63	(14) 70	(6) 60	(14) 51	(6) 80	(14) 90
(7) 42	(15) 63	(7) 50	(15) 76	(7) 51	(15) 65	(7) 82	(15) 73
(8) 62	(16) 86	(8) 52	(16) 94	(8) 65	(16) 95	(8) 62	(16) 84

MD02

1	2	3	4	5	6	7	8
(1) 100	(5) 100	(1) 140	(5) 112	(1) 100	(9) 105	(1) 100	(9) 105
(2) 110	(6) 120	(2) 140	(6) 136	(2) 103	(10) 109	(2) 110	(10) 106
(3) 108	(7) 126	(3) 128	(7) 117	(3) 106	(11) 101	(3) 107	(11) 104
(4) 119	(8) 113	(4) 145	(8) 166	(4) 108	(12) 104	(4) 103	(12) 107
				(5) 102	(13) 107	(5) 117	(13) 114
				(6) 108	(14) 108	(6) 118	(14) 119
				(7) 109	(15) 106	(7) 112	(15) 116
				(8) 108	(16) 108	(8) 119	(16) 119

MD02

9	10	11	12	13	14	15	16
(1) 103	(9) 102	(1) 100	(9) 112	(1) 100	(9) 114	(1) 120	(9) 104
(2) 101	(10) 105	(2) 110	(10) 116	(2) 110	(10) 121	(2) 102	(10) 113
(3) 103	(11) 106	(3) 101	(11) 115	(3) 103	(11) 134	(3) 111	(11) 112
(4) 105	(12) 106	(4) 112	(12) 106	(4) 112	(12) 139	(4) 114	(12) 105
(5) 103	(13) 107	(5) 116	(13) 127	(5) 116	(13) 124	(5) 103	(13) 125
(6) 104	(14) 117	(6) 118	(14) 127	(6) 117	(14) 137	(6) 104	(14) 126
(7) 114	(15) 107	(7) 129	(15) 101	(7) 117	(15) 127	(7) 116	(15) 137
(8) 118	(16) 114	(8) 127	(16) 109	(8) 129	(16) 138	(8) 117	(16) 127

MD02

17	18	19	20	21	22	23	24
(1) 130	(9) 105	(1) 110	(9) 112	(1) 110	(9) 110	(1) 130	(9) 114
(2) 102	(10) 112	(2) 120	(10) 128	(2) 120	(10) 123	(2) 103	(10) 135
(3) 103	(11) 105	(3) 102	(11) 122	(3) 116	(11) 148	(3) 102	(11) 123
(4) 112	(12) 118	(4) 104	(12) 142	(4) 116	(12) 157	(4) 124	(12) 149
(5) 104	(13) 115	(5) 126	(13) 137	(5) 128	(13) 117	(5) 115	(13) 144
(6) 107	(14) 125	(6) 117	(14) 144	(6) 131	(14) 136	(6) 119	(14) 145
(7) 118	(15) 128	(7) 129	(15) 139	(7) 146	(15) 167	(7) 114	(15) 158
(8) 108	(16) 118	(8) 128	(16) 149	(8) 158	(16) 177	(8) 137	(16) 178

MD02

25	26	27	28	29	30	31	32
(1) 103	(9) 142	(1) 106	(9) 113	(1) 132	(9) 138	(1) 112	(5) 123
(2) 108	(10) 136	(2) 116	(10) 114	(2) 119	(10) 116	(2) 107	(6) 138
(3) 118	(11) 135	(3) 128	(11) 126	(3) 112	(11) 127	(3) 106	(7) 122
(4) 108	(12) 148	(4) 136	(12) 146	(4) 135	(12) 129	(4) 118	(8) 106
(5) 118	(13) 164	(5) 102	(13) 123	(5) 107	(13) 132		(9) 125
(6) 129	(14) 169	(6) 102	(14) 137	(6) 145	(14) 158		(10) 118
(7) 125	(15) 179	(7) 137	(15) 127	(7) 148	(15) 167		(11) 109
(8) 126	(16) 177	(8) 128	(16) 127	(8) 117	(16) 169		(12) 129

MD02

33	34	35	36	37	38	39	40
(1) 50	(7) 88	(1) 107	(7) 108	(1) 105	(7) 132	(1) 118	(7) 113
(2) 76	(8) 89	(2) 115	(8) 111	(2) 118	(8) 109	(2) 117	(8) 157
(3) 86	(9) 98	(3) 114	(9) 117	(3) 3	(9) 6	(3) 2	(9) 1
(4) 4, 0	(10) 85	(4) 2	(10) 139	(4) 9	(10) 5	(4) 8	(10) 5
(5) 5, 2	(11) 5, 4	(5) 9	(11) 5	(5) 6	(11) 3	(5) 9	(11) 7
(6) 4, 6	(12) 2, 7	(6) 9	(12) 6	(6) 9	(12) 6	(6) 8	(12) 6
	(13) 4, 2		(13) 5		(13) 7		(13) 8
	(14) 1, 5		(14) 8		(14) 9		(14) 8

MD03

1	2	3	4	5	6	7	8
(1) 30	(9) 105	(1) 100	(9) 111	(1) 100	(9) 101	(1) 100	(9) 112
(2) 30	(10) 109	(2) 100	(10) 112	(2) 100	(10) 103	(2) 100	(10) 113
(3) 40	(11) 107	(3) 100	(11) 113	(3) 103	(11) 102	(3) 106	(11) 112
(4) 51	(12) 108	(4) 101	(12) 115	(4) 102	(12) 100	(4) 100	(12) 126
(5) 51	(13) 103	(5) 100	(13) 111	(5) 111	(13) 118	(5) 100	(13) 126
(6) 40	(14) 105	(6) 104	(14) 114	(6) 112	(14) 113	(6) 105	(14) 124
(7) 71	(15) 108	(7) 101	(15) 114	(7) 112	(15) 113	(7) 111	(15) 124
(8) 65	(16) 113	(8) 105	(16) 110	(8) 114	(16) 115	(8) 113	(16) 127

MD03

9	10	11	12	13	14	15	16
(1) 100	(9) 102	(1) 100	(9) 101	(1) 100	(9) 115	(1) 100	(9) 102
(2) 102	(10) 103	(2) 101	(10) 103	(2) 110	(10) 104	(2) 110	(10) 103
(3) 106	(11) 100	(3) 102	(11) 114	(3) 104	(11) 104	(3) 116	(11) 113
(4) 101	(12) 112	(4) 111	(12) 117	(4) 103	(12) 110	(4) 103	(12) 117
(5) 110	(13) 110	(5) 110	(13) 112	(5) 102	(13) 108	(5) 112	(13) 104
(6) 110	(14) 113	(6) 110	(14) 125	(6) 116	(14) 112	(6) 104	(14) 114
(7) 110	(15) 122	(7) 123	(15) 124	(7) 116	(15) 113	(7) 121	(15) 114
(8) 113	(16) 120	(8) 125	(16) 125	(8) 121	(16) 126	(8) 113	(16) 128

MD03							
17	18	19	20	21	22	23	24
(1) 101	(9) 102	(1) 100	(9) 121	(1) 100	(9) 105	(1) 100	(9) 122
(2) 103	(10) 104	(2) 102	(10) 123	(2) 100	(10) 114	(2) 102	(10) 133
(3) 101	(11) 111	(3) 102	(11) 124	(3) 114	(11) 121	(3) 106	(11) 132
(4) 111	(12) 111	(4) 101	(12) 127	(4) 115	(12) 130	(4) 111	(12) 136
(5) 110	(13) 106	(5) 110	(13) 133	(5) 122	(13) 108	(5) 110	(13) 146
(6) 110	(14) 114	(6) 110	(14) 136	(6) 124	(14) 113	(6) 115	(14) 144
(7) 121	(15) 127	(7) 113	(15) 134	(7) 135	(15) 123	(7) 121	(15) 144
(8) 122	(16) 121	(8) 111	(16) 136	(8) 131	(16) 136	(8) 123	(16) 147

MD03							
25	26	27	28	29	30	31	32
(1) 103	(9) 102	(1) 100	(9) 101	(1) 100	(9) 103	(1) 101	(9) 112
(2) 101	(10) 103	(2) 103	(10) 113	(2) 111	(10) 113	(2) 100	(10) 112
(3) 111	(11) 110	(3) 112	(11) 124	(3) 104	(11) 105	(3) 125	(11) 122
(4) 115	(12) 112	(4) 113	(12) 127	(4) 116	(12) 117	(4) 114	(12) 137
(5) 120	(13) 126	(5) 120	(13) 133	(5) 122	(13) 128	(5) 121	(13) 106
(6) 120	(14) 124	(6) 120	(14) 135	(6) 134	(14) 134	(6) 112	(14) 134
(7) 131	(15) 137	(7) 133	(15) 144	(7) 112	(15) 130	(7) 131	(15) 124
(8) 131	(16) 141	(8) 145	(16) 146	(8) 131	(16) 140	(8) 135	(16) 148

MD03

33	34	35	36	37	38	39	40
(1) 100	(9) 104	(1) 104	(9) 126	(1) 114	(9) 102	(1) 101	(9) 122
(2) 101	(10) 113	(2) 104	(10) 123	(2) 110	(10) 123	(2) 122	(10) 100
(3) 111	(11) 121	(3) 112	(11) 103	(3) 111	(11) 146	(3) 107	(11) 132
(4) 115	(12) 132	(4) 101	(12) 123	(4) 115	(12) 106	(4) 122	(12) 116
(5) 120	(13) 106	(5) 110	(13) 107	(5) 101	(13) 107	(5) 140	(13) 110
(6) 123	(14) 112	(6) 110	(14) 132	(6) 124	(14) 115	(6) 106	(14) 134
(7) 131	(15) 134	(7) 115	(15) 134	(7) 143	(15) 140	(7) 102	(15) 124
(8) 142	(16) 141	(8) 105	(16) 112	(8) 105	(16) 112	(8) 102	(16) 107

MD04

1	2	3	4	5	6	7	8
(1) 28	(9) 129	(1) 100	(9) 131	(1) 101	(9) 141	(1) 99	(9) 122
(2) 41	(10) 121	(2) 100	(10) 132	(2) 100	(10) 139	(2) 102	(10) 93
(3) 100	(11) 112	(3) 100	(11) 136	(3) 112	(11) 152	(3) 116	(11) 142
(4) 110	(12) 135	(4) 111	(12) 145	(4) 112	(12) 150	(4) 111	(12) 156
(5) 104	(13) 95	(5) 110	(13) 152	(5) 121	(13) 168	(5) 100	(13) 136
(6) 111	(14) 142	(6) 105	(14) 154	(6) 79	(14) 163	(6) 105	(14) 144
(7) 112	(15) 141	(7) 121	(15) 114	(7) 132	(15) 98	(7) 107	(15) 154
(8) 123	(16) 140	(8) 125	(16) 120	(8) 134	(16) 125	(8) 123	(16) 167

MD04

9	10	11	12	13	14	15	16
(1) 141	(9) 132	(1) 99	(9) 141	(1) 102	(9) 145	(1) 92	(9) 142
(2) 143	(10) 133	(2) 102	(10) 138	(2) 101	(10) 144	(2) 112	(10) 153
(3) 141	(11) 130	(3) 112	(11) 154	(3) 108	(11) 151	(3) 126	(11) 162
(4) 141	(12) 142	(4) 111	(12) 157	(4) 115	(12) 148	(4) 128	(12) 176
(5) 158	(13) 150	(5) 120	(13) 163	(5) 122	(13) 168	(5) 100	(13) 156
(6) 160	(14) 153	(6) 120	(14) 166	(6) 124	(14) 163	(6) 115	(14) 164
(7) 161	(15) 164	(7) 133	(15) 174	(7) 136	(15) 173	(7) 121	(15) 174
(8) 165	(16) 160	(8) 135	(16) 176	(8) 131	(16) 186	(8) 133	(16) 187

MD04

17	18	19	20	21	22	23	24
(1) 101	(9) 142	(1) 110	(9) 151	(1) 122	(9) 155	(1) 121	(9) 152
(2) 113	(10) 153	(2) 112	(10) 153	(2) 131	(10) 174	(2) 142	(10) 123
(3) 121	(11) 160	(3) 122	(11) 164	(3) 154	(11) 171	(3) 116	(11) 142
(4) 131	(12) 172	(4) 121	(12) 167	(4) 165	(12) 170	(4) 161	(12) 156
(5) 100	(13) 146	(5) 130	(13) 173	(5) 182	(13) 118	(5) 130	(13) 186
(6) 109	(14) 154	(6) 130	(14) 169	(6) 104	(14) 133	(6) 118	(14) 144
(7) 121	(15) 167	(7) 139	(15) 184	(7) 126	(15) 157	(7) 131	(15) 114
(8) 135	(16) 167	(8) 145	(16) 196	(8) 141	(16) 196	(8) 143	(16) 157

MD04							
25	26	27	28	29	30	31	32
(1) 90	(9) 122	(1) 110	(9) 171	(1) 152	(9) 128	(1) 91	(9) 122
(2) 101	(10) 93	(2) 112	(10) 153	(2) 107	(10) 114	(2) 102	(10) 143
(3) 111	(11) 140	(3) 122	(11) 144	(3) 104	(11) 103	(3) 155	(11) 107
(4) 135	(12) 102	(4) 141	(12) 117	(4) 145	(12) 126	(4) 141	(12) 146
(5) 100	(13) 116	(5) 110	(13) 99	(5) 112	(13) 188	(5) 100	(13) 146
(6) 150	(14) 154	(6) 90	(14) 126	(6) 154	(14) 175	(6) 105	(14) 174
(7) 171	(15) 117	(7) 143	(15) 114	(7) 166	(15) 130	(7) 171	(15) 184
(8) 121	(16) 161	(8) 155	(16) 166	(8) 131	(16) 130	(8) 193	(16) 117

MD04							
33	34	35	36	37	38	39	40
(1) 90	(9) 118	(1) 140	(9) 146	(1) 111	(5) 133	(1) 132	(5) 122
(2) 121	(10) 133	(2) 112	(10) 173	(2) 111	(6) 154	(2) 115	(6) 113
(3) 151	(11) 171	(3) 92	(11) 93	(3) 112	(7) 176	(3) 101	(7) 132
(4) 105	(12) 112	(4) 102	(12) 123	(4) 116	(8) 173	(4) 121	(8) 116
(5) 110	(13) 106	(5) 90	(13) 123		(9) 168		(9) 116
(6) 133	(14) 142	(6) 170	(14) 131		(10) 112		(10) 134
(7) 161	(15) 187	(7) 153	(15) 154		(11) 141		(11) 124
(8) 191	(16) 130	(8) 155	(16) 176		(12) 101		(12) 107

연산 UP

1	2	3	4
(1) 43	(9) 106	(1) 103	(9) 121
(2) 71	(10) 114	(2) 110	(10) 102
(3) 63	(11) 139	(3) 114	(11) 140
(4) 74	(12) 156	(4) 154	(12) 121
(5) 92	(13) 127	(5) 150	(13) 173
(6) 72	(14) 168	(6) 133	(14) 120
(7) 85	(15) 129	(7) 113	(15) 165
(8) 87	(16) 167	(8) 126	(16) 156

연산 UP

5	6
(1) 102	(9) 133
(2) 160	(10) 101
(3) 133	(11) 130
(4) 105	(12) 142
(5) 121	(13) 128
(6) 143	(14) 142
(7) 121	(15) 163
(8) 170	(16) 182

7

(1)

+	23	45
19	42	64
27	50	72

(2)

+	14	37
48	62	85
56	70	93

(3)

+	64	82
43	107	125
75	139	157

(4)

+	36	54
81	117	135
93	129	147

8

(5)

+	78	95
17	95	112
35	113	130

(6)

+	47	69
53	100	122
86	133	155

(7)

+	56	77
48	104	125
94	150	171

(8)

+	64	82
39	103	121
78	142	160

연산 UP

9

(1)

29	17	46
32	48	80
61	65	

(2)

42	45	87
64	53	117
106	98	

(3)

18	46	64
29	34	63
47	80	

(4)

64	73	137
92	86	178
156	159	

10

(5)

37	63	100
56	45	101
93	108	

(6)

48	56	104
75	65	140
123	121	

(7)

54	69	123
48	73	121
102	142	

(8)

69	72	141
81	58	139
150	130	

11

(1)

28	76	104
87	94	181
115	170	

(2)

34	67	101
76	49	125
110	116	

(3)

59	72	131
64	38	102
123	110	

(4)

92	18	110
29	85	114
121	103	

12

(5)

54	65	119
76	87	163
130	152	

(6)

67	93	160
85	78	163
152	171	

(7)

75	86	161
57	44	101
132	130	

(8)

88	77	165
66	99	165
154	176	

연산 UP

13

(1) 43장

(2) 85쪽

(3) 135마리

14

(4) 130개

(5) 102회

(6) 83그루

15

(1) 63개

(2) 101송이

(3) 130명

16

(4) 154개

(5) 142마리

(6) 123장